女人要读点行为心理学

武利莉◎编著

中国纺织出版社

内 容 提 要

女人的敏感和善于观察，让女人在行为解读方面，不逊于心理学家。女人将他人的日常行为举止，放到心理学的鱼缸里，都会变得明了透彻、展现真意。

本书阐释行为心理学的诸多原理，揭示交际中常见的心理反应和心理现象，传授诸多行为心理方面的实用技巧，解读人们在各种情景下做出的小动作的不同含义，帮助女性了解自身、洞察他人、把握行为，指导她们在人际交往中通过分析他人的动作、语言和表情作出比较客观的分析判断，准确地了解他人、辨别真伪，让自己占据主动。

图书在版编目(CIP)数据

女人要读点行为心理学/武利莉编著.—北京：中国纺织出版社，2015.3(2024.1重印)

ISBN 978-7-5180-1206-0

Ⅰ.①女… Ⅱ.①武… Ⅲ.①女性—行为主义—心理学—通俗读物 Ⅳ.①B844-063

中国版本图书馆CIP数据核字(2014)第259076号

责任编辑：闫 星　　责任印制：储志伟

中国纺织出版社出版发行
地址：北京市朝阳区百子湾东里A407号楼　邮政编码：100124
销售电话：010—67004422　传真：010—87155801
http://www.c-textilep.com
E-mail:faxing@c-textilep.com
中国纺织出版社天猫旗舰店
官方微博 http://weibo.com/2119887771
永清县畔盛亚胶印有限公司印刷　各地新华书店经销
2015年3月第1版　2024年1月第4次印刷
开本：710×1000　1/16　印张：16
字数：188千字　定价：48.00元

前言

行为心理学是20世纪初起源于美国的一个心理学流派，它的创建人为美国心理学家华生。行为主义观点认为，心理学不应该研究意识，只应该研究行为。在现实生活中，许多女性朋友感到很疑惑，到底是什么出卖了自己的性格？是什么暴露了自己的隐私？是什么揭露了自己的秘密？行为心理学家认为，是一个人的行为，简言之，是你们的一举一动。我们的行为被自己的个性、心理所左右，决定，一个人有什么样的个性以及心理，都会一一反映在其一举一动之中。

人之所以为人，不同于普通动物，是因为我们有思想，总会不断地审视自己，于是，灵魂之科学——心理学，就应运而生了。何谓心理学？其实，心理学与我们的生活息息相关，它可以帮我们领悟人生，更好地驾驭人生。在生活中，从某种程度上说，每个人都是一名业务的心理学家。从我们呱呱坠地、牙牙学语到蹒跚学步，每时每刻，我们都在揣摩别人的心思。我们懂得藏起自己的东西躲避其他人的视线，我们懂得从他人的神情和语气中判断对方是否在生气。诸如此类的，都是源于我们对他人的行为以及心理进行观察和揣摩所得的。

每个人都是社会的产物，但是由于社会的多角色化和多层面化导致了生活在社会中的人有着不同的面孔，即使是同一个人，他也有几张各不相同的面孔。在父母面前，他是听话乖巧的孩子；在上司面前，他是擅长说好话的下属；在同事面前，他是工于心计的小人。每个人表现出来如此复杂的多面性，使得我们难以去一一识别他们，这给我们的人际交往也带来很多的不利影响。行为心理学家分析，世界上每个人都有自己的个性，而个性从外在来看是指独特而稳定的行为模式，从内在来看是指独特而稳定的态度、思想、认知，等等。个性在很大程度上决定了一个人的行为，只要我们仔细观察自己与别人的行为，就会发现，我们身体的一举一动都在告诉别人：我是一个什么样的人！因为一个人的身体反应往往会出卖自己的个性。同样的道理，我们对一个人个性的了解，不但可以掌握其当前的行为，而且可以按照其个性，预见其未来的行为。

本书是一本适合众多女性朋友阅读的行为心理学书籍，全书分为上下两篇，上篇主要是解码行为心理，其内容主要是通过面部表情、身体姿态、手势语言、肢体动作、行为特点、习惯动作以及交往细节来读懂对方的真实想法；下篇主要是行为应用心理学，女人要懂得行为应用心理学在各种场合中的运用，诸如面试、交际、演讲等场合，教导你在实际场合中怎样通过别人的行为来判断对方的真实心理。同时，在这个过程中，可以提示自己在某些场合中，哪些肢体动作是合适的，哪些肢体语言是需要避免的，为广大女性朋友在生活中、职场中、交际中出谋划策，指点迷津，使你在展现自己优雅的同时，能够灵活自如地运用行为心理学来帮助自己赢得人生和事业的成功！

编著者

2014年7月

目录

上篇　解码行为心理：女人的身体会说话

下篇 应用行为心理：解读不同行为的心理密码

上篇

解码行为心理：女人的身体会说话

是什么出卖了一个人的性格？是什么暴露了他的隐私？行为心理学告诉女性朋友，是她们的行为，是她们的语言，是她们的一举一动。我们每个人都有自己的个性，个性从外在来看是指独特而稳定的行为模式，从内在来看是指独特而稳定的态度、思想、认知等。而个性在很大程度上决定着一个人的行为，仔细观察自己与别人的行为，我们就会发现，自己身体的一举一动都在告诉别人：我们是什么样的人。

第1章

行为密码：女人学会看懂肢体语言

心理学家认为，要想成为身体语言的解读专家，就需要拥有良好的观察能力、感知力，而且要足够细心。当然，在这几个方面，女人都具有先天性的优势，我们可以毫不犹豫地说，女人就是天生的身体语言解读专家。

女人要了解的肢体语言

各位女性朋友应该明白，现代社会是一个充满竞争的社会，紧张而又隐秘的气息充满了每一个角落。生活在我们身边的每一个人都戴着面具，他们有可能是我们的朋友，也有可能是我们的敌人。事实上，我们身边没有完全透明的人，也没有谁会主动告诉你“我是你的朋友”抑或“我是你的对手”，这就需要我们拥有一双慧眼，辨别对方的肢体语言，去看透谁是朋友，谁是对手。只有善于看透对方，才有可能防患于未然，使自己处于主动的位置。

人们都羡慕古代的陈雷和管鲍，他们的友情如金似石、生死不移。于是我们便感叹在自己的时代，人们前一刻还如胶似漆，情同手足，后一刻却翻脸无情，势如水火。其实造成这样的局面，就是因为你没有看透对方，没有掌握识人心的本领。

也许你能够在职场驰骋纵横、无往不胜，但是当面对纷繁复杂的人际交往时，一样会困惑、迷茫。每个人都期盼如君子般坦荡荡的理想人际交往，但在现实中，能吐露心事的人是很难找到的。我们都明白人心隔肚皮的道理，却苦于未曾掌握看穿人心的技巧。如果能够懂得一些看穿人心的技巧，在交际中就掌握了主动权，从而使自己占据有利位置。

唐朝时，有一个人叫卢杞，跟郭子仪同朝。卢杞还不得志时，郭子仪已经出将入相，很是风光。郭子仪对所有的公卿大臣都很随便，独独对卢杞礼数周到。若遇卢杞来访，他会让家人全撤到后面，自己整整齐齐穿了朝服，迎接卢杞。接待中，他也表现得谦恭有礼。家里人十分不解，一个芝麻大的小官，郭子仪为何要如此礼遇？郭子仪说：“这个人心术不正但很聪明，又会巴结人，迟早有得意之日。若是现在得罪了他，他定会怀恨在心，伺机报复。宁可得罪君子，也不可得罪小人啊！”

果然，卢杞后来官至宰相，朝廷中凡是曾触犯了他的官员，都被他想方设法地报复了。郭子仪不曾得罪他，最终得以自保。

在日常生活中，处处有像卢杞一样心术不正之人。稍有不慎，得罪了这类小人，就会为生活平添无数烦恼与困扰，只有通过你的一双“火眼金睛”，看穿他们的内心，认清他们的本质，才能在生活中游刃有余，进退有据。

心理学家告诉各位女性朋友，一个人的一言一行、一举一动，甚至一个眼神，都在向他人传递着一些很微妙的信息，这些信息直接反映了他的真实心情以及真正的性格。但是，我们都知道，想要真正地去了解一个人，了解他心中的真实想法，并不是一件很容易的事情。对方或是出于防卫，或是出于欺骗，常常把自己隐藏在一张无形的面具后面，不让他人轻易地知道自己的真实心理。想要看透对方，就需要了解他的真实心理。从一个人的一言一行、一举一动入手，通过细致观察，你定会从细枝末节中了解他的内心世界。

没有人能完完全全地把自己藏在面具后面，他的眼神、举动、行为、习惯，甚至他喜好的食物的种类，都会暴露出他的心理和性格。而你只需要找到那些暴露出来的细节，就可以顺势看透对方的心思了。而只有具备一定的观察能力和缜密的心思，才能够做到这一点。

1. 敏锐的观察力

心理学家认为，一个善于识人心的人，一定是一个观察力敏锐的人。如果你没有一定的观察能力，就无法察觉对方在表情、动作、语言上的变化，至于对方心里在想什么，你更无从知道。所以，要想看透他人，识破人心，就必须学会察言观色：他轻轻地皱眉，就表示出不认同或持否定的态度；他声音突然提高了，就表示出他的情绪因为高兴或愤怒处于极其兴奋的状态；他打着哈欠，就表示出他不厌烦的情绪。

敏锐的观察力，并不是天生的，而是经过后天逐渐培养的。要想练就敏锐的观察力，在平时的生活中就要善于发现一些别人未发现的东西，善于发现那些新鲜事物，也可以仔细观察身边的人，通过他们的一举一动来摸透对方的心理。

2. 缜密的心思

心理学家认为，只是具备卓越的观察力还远远不够，如果没有缜密的心思，你依然看不到对方细微的变化。生活中，大部分人都擅长用外部表现来掩盖真实的自己。这时候，就需要缜密的心思，从对方日常的行为举止、言谈措辞的细微处看透其内心的想法。

心理启示

心理学家告诉女性朋友们，没有一个人会完全地袒露自己，让自己处于人们的视线之下。所以，我们必须练就较强的识人能力，拥有敏锐的观察力和缜密的心思。这样，你就可以看透身边的人，在众人中不露痕迹地分辨出真朋友和假朋友；可以准确无误地判断出上司的意图；可以从朋友的语调中读出他的隐衷；可以从对你微笑的人的一转身间发现他的谎言。

了解肢体语言是如何产生的

20世纪50年代，一位研究肢体语言的先锋人物阿尔伯特·麦拉宾通过研究发现："一条信息所产生的全部影响力中7%来自语言，38%来自于声音，剩下的55%则全部来自于无声的肢体语言。"而人类学家雷·博韦斯特指出：一个普通人每天说话的总时间大约为10~11分钟，平均说一句话所需要的时间则大约只有25秒，同时，他还推断出，我们能够做出并辨认的面部表情大概有25万种。举一个很简单的例子，在一次面对面的交流中，语言所传递的信息量在总信息量中所占的份额还不到35%，剩下的超过65%的信息都是通过非语言交流方式完成的。

然而，在日常交往中有着举足轻重的地位的肢体语言到底是如何产生的呢？

1. 肢体语言的起源

关于肢体语言，有遗传学说和环境学说的争议。虽然遗传因素在肢体语言的表现上具有重要的支撑作用，但是这并不代表全部的肢体语言都完全是由遗传因素决定的。一些肢体语言是由于文化环境和传统习惯的不同而产生的。这表示肢体语言，主要是遗传因素和文化环境因素共同作用的结果。

2. 肢体语言先于口头语言

在遥远的古代，人类尚未直立行走，也无法开口说话。这时他们只能凭借肢体动作来传递信息，同时伴随着一些含混不清的声音，如果现代人听到这样的声音，将完全不知道其表达的是什么意思。对此，俄国文学家阿·托尔斯泰是这样描述的："最初本来是没有语言的，当人们还过着半野兽似的生活的时候，他们总是打着手势，发出一些声音，做出表示危险或好感的信号。总之，他们完全像聋哑人那样表示个人的意愿。后来，这些手势的作用同声音结合在一起，并且从声音中产生出词汇，最后才产生出有联系的人类语言。"

也可以说，是先有肢体语言，后来才出现了口头语言。当远古的祖先将那些含混不清的声音进化成语言的时候，这些口语与肢体动作之间就形成了相对稳定的组合关系。人渐渐形成了这样的习惯，一旦开口说话，必然会伴随着一定的肢体语言，比如当人们指责其他人时，会忍不住指手画脚。

3. 肢体语言逐渐得到重视

或许有人认为，在这个现代化的年代，肢体语言已经可以忽略不计了。然而，这个想法恰恰是错误的。假如处于收音机时代，只要拥有一条三寸不烂之舌，就可名扬天下，因为人们只能听到你的声音，而看不见你的肢体语言。

大荧幕无声电影时代，为了博取观众们的眼球，演员们只能拼命展示自己的肢体动作，尽可能夸张，便于人们看懂其中的剧情。其中，卓别林堪称肢体语言的鼻祖。在这一时期，肢体语言成为无声电影中唯一的沟通方式，这促使卓别林成为揣摩并施展肢体语言技巧的先驱。在当时，是否能够恰到好处地使用各种手势以及能否巧妙地用身体各部位发出信号与观众交流，成为评判每位演员演技好坏的标尺。

随着有声电影时代的到来，口语开始逐渐占据着重要位置，但肢体语言仍起着不可替代的作用。从某种程度上来说，肢体语言和口头语言是相悖的，尽管一个人信誓旦旦，然而从其眉角处的顾虑，以及手势的隐藏，都可以看出其内心隐藏着不可告人的秘密。而对于那些习惯于在公众场合演讲的领导者们，肢体语言更是有着举足轻重的作用，其一举一动都彰显着自己作为领导者的身份。在现代社会中，大部分的政治家都有自己的肢体语言私人顾问，希望借助肢体语言使自己看起来更真诚、正直、富有同情心，尤其是在真实情况并非如此时，这样的做法更是必须的。

4. 女性朋友是肢体语言的超领悟者

所谓的感知能力强，其实就是能够通过观察发现人们的话语和他们的肢体语言之间的矛盾之处。可以说，女性的感知能力是远远大于男性的，我们可以称之为女性的直觉。女性有一种与生俱来的洞察和破译无声信号的能力，同时，她们往往独具慧眼，能够发现那些通常被男性忽视的细节，这就是为什么基本没有一个男人的谎言能够逃过妻子的法眼。

行为心理学家进行了这样一项实验：研究者播放了一段被删去了声音的短片，在短片里，一个男人正在和一个女人谈话。研究者要求参与者们通过观察这对夫妻的面部表情和动作，描述出他们之间发生的事情。研究结果显示，87%的女性参与者所描述的内容与实际情形是符合的，但是同样的情形在男性参与者中所占的比例却只有42%。

心理启示

心理学家认为，人的行为是人在意识指导下的、主动自觉的行为，而人的意识是由意识和认知两大因素构成的，是这两大因素相互作用的结果。每个人都希望了解自己，了解他人，而人的心理并非琢磨不透，其实很简单，行为心理学通过行为分析心理，让女性在日常生活中慢慢了解自己的内心，帮助自己分析周围人的行为和个性。

肢体语言不会欺骗女人

一个人要想识破对方的肢体语言，其所具备的诸多能力是不容忽视的，其中，洞察力是基础。何谓洞察力？顾名思义，洞察力就是指深入事物或问题的能力，从字面意思理解为对山洞的观察，我们都知道，在山洞中除了洞口的地方能被阳光照射到之外，其他的地方越深越黑暗，在这样的情况下，就需要有敏锐的观察能力了。弗洛伊德说："洞察力就是变无意识为有意识。"实际上，洞察力的实质就是透过现象看本质，在观察一个人的时候，学会用心理学的原理和从心理学的视角来归纳总结其行为表现。由此可见，洞察力是窥探人心的基础力，换句话说，就是要做到察言观色。在现实社会中，人们往往不愿意袒露自己，而是将真实内心隐藏在深处。这时，就需要我们具备一定的洞察力了，一个人的真实意图往往流露于不经意的举手投足间，外溢于外形容貌中。有了敏锐的洞察力，我们才能够破译对方的真实心理，迅速准确地看透对方的心理，从而掌握人际交往的主动权，成为人际博弈中的赢家。

有一次，高尔基和两个作家朋友到一家饭店就餐。坐下之后，高尔基建议来一次看人比赛。大家随便选定一位顾客进行瞬间观察，说出自己观察所得的印象，谁说得最准确、最细致，谁就是胜利者。

他们选定了一位正走进来的顾客。高尔基仔细观察一番后，说出他的大致特征：脸色苍白，身穿灰色衣服，双手细长且微微发红。作家安德烈耶夫则看出他的衣服的颜色不对。另一位作家布宁说得更详细了：身穿灰色衣服，搭配了一条带小花的领带；双手细长且红，小指甲还有点不正常。他还根据此人的举止、神色，猜测其可能是个骗子。大家向饭店的主人一打听，果然不出布宁所料。

布宁通过对那位顾客外表、服装、举止、神色多角度的仔细观察，猜测他有可能是个骗子。结果通过饭店证实了他的猜测。在这个案例中，布宁识人成功的原因在于他拥有较高的洞察力，如此，才能看清那个骗子表面的掩盖物。

心理学家告诉女性朋友们，人都是善于伪装的动物，每个人都生活在一个伪装的世界里。无论我们接受与否，这一点都是客观存在的。在现实生活中，每个人都扮演着不同的角色，随着对象的不同，其角色与言行也是不同的。如何才能揭开对方的真面目？这就需要有一定的洞察力，看透其表面的掩盖物，洞悉对方的真实意图。通过其不经意间表露出来的言行、神态，窥探其真面目。识人心最关键的一点就是看出对方是如何掩饰自己的，所谓透过现象看本质，只要你具备一定的洞察力，就能够从对方的言行中窥出端倪、看出破绽了。

苏轼是一个识人的高手，我们可以从其生平一二事来窥其识人的本领以及过人的洞察力。

当时，有一个叫谢景温的人，与苏轼关系很不错，两个人常常在一起谈论诗文，褒贬古今。有一次，苏轼与谢景温到郊外游玩，无意间看到一只受伤的小鸟从树上掉下来，苏轼刚想把小鸟拾起来，谢景温却抬脚就将那只小鸟踢到一边。虽说，这是一个漫不经心的动作，苏轼的心却凉了半截：这样一个轻贱生命，损人利己的人，不可深交啊。后来，他渐渐疏远了谢景温。果然，后来，谢景温为了讨好王安石，全然不念之前的交情，加害苏轼，企图将其治罪。

早年，苏轼有一位姓章的朋友，在苏轼任凤翔府节度判官的时候，两人去山中游玩。仙游的时候，眼看前面是悬崖峭壁，只有一根独木桥相通。这位姓章的朋友提出让苏轼过桥，在绝壁上留下墨迹，苏轼不敢。却没想到，这位姓章的朋友神色平静地轻松走过，然后用绳子系在树上，以高难度的手法在陡峭的石壁上留下了“苏轼章某来此”几个大字。苏轼长叹曰：“能自拼命者能杀人也！”后来，章某当上了宰相，有了权势，对人毫不手软。因与苏轼政见不合，对曾经的朋友也痛下毒手，将其贬至偏远的惠州。

从上面两个故事中，可以看出苏轼过人的洞察力。只凭一个踢小鸟的动作，看出朋友是一个轻贱生命、损人利己的人；凭着朋友脸色平静过独木桥，只为留下几个大字，看出朋友是一位为了求得目的不惜杀人的人。事实证明，苏轼对这两个朋友的判断都是极其准确的。而苏轼有如此高的识人本领，就在于其高超的洞察力。

心理启示

在现实生活中，女性朋友们常常会碰到这样的事情：明明曾经是好姐妹，在自己需要帮助的时候，却在背后捅上一刀；明明是可以信任的朋友，却会在你将重要事情托付给他以后，给你来个釜底抽薪。为什么会这样呢？诚然，其中有对方的关系，但很大部分的原因在于自己不会识人。能够识人，就需要敏锐的洞察力，如此，你才能知道什么样的人能当朋友，什么样的人需要小心提防。在与人交往的过程中，需要用心观察，仔细思考，这就是洞察力，如此，才能不被蒙蔽，才能够透过现象看出一个人的本质来。

肢体语言所隐藏的潜意识

弗洛伊德指出：“潜意识是潜藏在我们一般意识下的一股神秘力量，是相对于‘意识’的一种思想。”其实，每个人的体内都隐藏着一股神秘的力量，那就是潜意识。但是，许多人并不知道，或者说并不了解自己的潜意识思想。不过，作为旁观者，我们倒可以通过其在日常生活中的体态举止来洞悉对方的潜意识，从而达到摸清对方真实心理的目的。在日常交际中，大部分人在作出某些行为举止的时候，会下意识地掩盖自己内心的真实想法，或者，假意做出相反的举止迷惑他人，不过，他的某些姿势还是会泄露出潜在的思想。所谓“江山易改，本性难移”，一个人的性情，无论如何掩饰都会在行为举止上一览无余，这时，我们可以通过观察对方的体态表现来洞悉对方的真实心理。

在日常生活中，人们的身体姿势还有很多，下面我们说到的一些体态，你可能会经常见到，但你未必知道它们背后隐藏的真实想法。

1. 手不停地抚摸下巴

在与你交谈的时候，如果对方不停地用手抚摸下巴，则表示他已经陷入了沉思中，连你说什么，他都没听见。如果对此表示怀疑的话，你可以试着问他你刚刚在说什么。他一定回答不出来。

这类人总喜欢想东想西，但从来不会想到去算计别人，只是在某些时候会陷入思考的迷宫中。同时，他是一个比较敏感的人，如果你想告诉他什么事情，应避免暗示，还是直接告诉他，省得他胡思乱想。

2. 叉腰姿势

有的人潜意识里想给人留下这样的印象：身体强壮，沉着稳定，对别人的威胁不放在心上。因此，他们常常会做出叉腰的姿势。

3. 拇指托着下巴，其余的手指遮着鼻子或嘴巴

这样的人很有主见，在你说话的时候，他总是用拇指托着下巴，其余的手指遮着鼻子或嘴巴，那表示他潜意识里根本就不同意你的观点，只是不好意思说出来。他之所以做出这样的动作就是潜意识里怕会说出来。

当然，用手遮住嘴巴或鼻子，在心理上可能有两种情况：一是想反驳你；二是指你在说谎。如果你在说话的时候，对方保持这样的姿态，如果他说话时遮住嘴巴或鼻子，那表示他“言不由衷”；如果听你说话时他有了这样的动作，那就是不同意你的观点。

4. 手掌向前推出

这样的动作经常性地出现在政治家身上，他们为了生存，需要对他人的攻击时刻保持警惕。如果你仔细观察那些政治家的演讲，会注意到，他

们在感到不安全的时候，常常会作出一些防御的手势。比如，将手横过身体，或者手掌向前推出，仿佛他们在躲避想象中的击打一样。

心理启示

在日常生活中，一个看似很普通的体态却包含着丰富的信息，其举止形态背后的潜意识才是我们所需要摸清的底牌。莎士比亚在《哈姆雷特》中说道："一个人表面上笑眯眯，其实心怀叵测。"试想，一个采取防卫、对抗姿态而又面带微笑的人，他或许是想以假笑来麻痹你，同时还在算计如何拆你的台。大量事实证明，一些体态语言并不像想象中所表示的那样，就好像一个人对你微笑，但其实他心里对你充满了怨恨。当然，如果我们不仔细观察，肯定不会洞察到对方的真实心理。

边缘系统的反应与肢体语言

从进化论的角度看，在人类的三个大脑中，和生存关系最为密切的是边缘系统，这一部分大脑有三个重要特征：一是边缘系统会遵循"趋利避害"原则，如实地对外界刺激作出条件发射式的反应，不假思索，坚决如实反应，而且不受意志的控制；二是边缘系统主要负责人类与人类生死存亡相关的行为和反应，它几乎是不休息的，总是处于"警戒"的状态；三是边缘系统掌握人类的情绪情感，随时不断地向大脑的其他部位发出指令，左右人类的各种行为。

王小姐是一个从小就怕蛇的女孩子。有一次，她跟朋友一起去市里的野生动物园的蛇馆参观，看到几条眼镜蛇不停地发出"嗤嗤嗤嗤"的声音，王小姐害怕极了，尽管她不断地告诉自己，蛇被厚厚的玻璃隔着，是不会威胁到自己的，完全可以把脸贴近玻璃去看个仔细，即使眼镜蛇向自己扑过来，自己也用不着害怕。但是，当蛇突然向王小姐扑过来的时候，她的身体还是下意识地往后退了几步，甚至差点因失去重心而跌倒。

在边缘系统的支配下，一个人对外界信息刺激的反应是有规律的，这个规律基本上是这样的：面对危险，不管人能否应对，人的第一反应都是动作冻结，然后进行全面的评估；通过评估之后，如果没办法应对，人就可能会产生逃跑反应；如果可以应对，人可能会选择战斗，并制服对方；如果没能逃跑或战斗失败，人就会产生投降反应。可以说，人类的这四种基本反应在几百万年的进化历史中就已经被印刻在人类的记忆深处。

这是一段关于动物遇到恐惧时反应的描写：

在一望无际的非洲大草原上，天气炎热，一头掉队的斑马独自在河边的草地上吃草。就在它吃得津津有味的时候，忽然发现前方不远处，有一头狮子正躲在灌木丛中观察自己。就在这一刻，斑马停止了吃草的动作，屏住了呼吸，轻轻地低下头，认真观察。

它发现狮子正慢慢地靠近自己，这是一头雄狮，高大威猛，有着发达的肌肉，看样子自己没有还击的能力。危险即将到来，斑马忽然掉转方向，撒腿就跑，因为它知道自己可能不是这头雄狮的对手。果然，就在斑马跑出去没多远的时候，它几乎可以听见身后那雄狮的急促呼吸，声音越来越近，狮子的气息几乎可以嗅到了。

狮子准备张开大口，扑向斑马。即使到了狮子的大口之下，斑马还是决定拼一把，它撒开蹄子，重重地踢到了狮子的脸，不过狮子并没有放弃，而是继续追赶斑马，直到斑马筋疲力尽，才将斑马扑倒在地，咬断它的喉咙。

当遇到危险的时候，人和动物的反应几乎是一样的。边缘系统反应有八种，即冻结反应、逃跑反应、战斗反应、投降反应、对抗行为、龟缩行为、阻断行为、安慰行为。举个很简单的例子，普通人对蛇有一种本能的恐惧，见到蛇之后，回避或逃跑是一种十分正常的反应，人们的意志也无法控制这种行为反应。实际上，人们在每一次遇到危险的或反感的信息刺激时，都会在边缘系统的操控下，如实地作出反应，这就为我们分析人的肢体语言提供了重要的进化学依据。

1. 冻结反应

一个人在面对危险和威胁的时候，第一反应是冻结，也就是停止一切动作、屏住呼吸、隐藏身体，以减少敌人的注意，同时认真观察、仔细思考、全面评估，以尽快寻找最佳的应对方法。而在平时生活中，人们的冻结反应，可能表现为动作僵化、语言停顿、表情木讷，这时的生理反应则是肾上腺素分泌增多，心跳加快、血压升高、呼吸急促、肌肉紧绷，身体的这一切反应已经为逃跑做好了准备。比如一个人在摸提包里的手机时，突然摸到一个毛茸茸的物体，第一反应就是冻结，人的冻结反应时间通常是1秒左右，假如时间太长，则表示这是故意为之的动作。

2. 龟缩反应

人们在面临恐惧的时候，冻结反应还可以表现为另一种形式，也就是龟缩反应。龟缩反应，顾名思义，就是像乌龟一样，在危急时刻将自己的头部快速地掩盖起来。体现在人类肢体动作上，就是双肩上耸，这是一个典型的龟缩反应行为，其根本目的就是提高安全性，减少曝光率，增加隐蔽性，争取反应时间，为采取下一步行动做充分准备。当然，龟缩反应有时也表现为将自己的头和心脏部位用手遮住，原因在于身体的这两个部位都十分重要，直接与生命密切相关。

3. 逃跑反应

在冻结反应的过程中，人的大脑会快速运转，迅速对当前情况进行评估，如果评估的结果是无法应对，人就会产生逃跑反应，也就是让自己的身体远离刺激原，回到安全的状态下。逃跑反应的表现形式多种多样，有时会表现为身体或身体的某一部分逃离、倾斜或被阻隔，有时则表现为脚尖的朝向发生变化，可能会做出马上要离开的姿势；有时则表现为视线的远离或头部的偏转。比如，当我们在狭长小路上散步的时候，忽然发现一条凶恶的大黄狗跑了出来，顿时吓了一跳，知道自己无法应对这条狗的侵袭，于是马上离开，避免与狗发生正面冲突。

4. 阻断反应

在一些特殊的情况下，逃跑可能是无效的，或来不及逃跑，这时就必须面对恐惧的一幕，人会产生一种特殊的反应——阻断反应，也就是通过阻断视觉、听觉、触觉、嗅觉、味觉等形式来与信息刺激源之间产生阻隔，主观性地逃离刺激源，以减少内心的恐惧感。可以说，阻断反应是逃跑反应的一种变形。

在平时的生活中，我们常常会看到很多阻断反应行为，假如我们不想听到别人说话的声音，就下意识地把耳朵捂上，这就是听觉阻断；如果我们不想看到恐惧的电影画面，就下意识地把眼睛闭上，这就是视觉阻断，等等。因为人从外界获得信息的主要途径就是眼睛和耳朵，眼睛获得信息的量约占总信息量的83%，耳朵获得信息的量约占总信息量的11%，而其他几种感觉加起来所获得的信息量才占总信息量的6%。所以，在阻断反应中，视觉阻断和听觉阻断是最常见也是最重要的两种。

5. 战斗反应

可以说，战斗反应是人们面对危险时的重要选择，它体现了人对危险的态度和应对危险的能力。一般情况下，人们都会回避冲突，选择和平相处，不过，假如对方实在太过分，不依不饶，那么战斗反应可能就是最佳的选择了。战斗反应通常表现为肢体冲突以及暴力行为，那是为了获得生存和安全而做的最后的拼搏和努力。比如，在战斗中，一匹斑马不小心掉队，陷入了敌人的埋伏圈，那冻结和逃跑都无法应对当前的危险情境，唯一的做法就是迎战。

6. 对抗行为

对抗行为是战斗反应的一种特殊的表现形式，也就是战斗反应的准备阶段，它反映了一个人内心的愤怒和不满，但却没有达到爆发的程度。对抗反应的表现是多种多样的，有时表现为愤怒的面部表情，有时表现为意见和态度的对立，有时还表现为语言的辱骂与诅咒，有时还表现为战斗前的准备，比如咬牙切齿、赤膊上阵。

7. 投降反应

投降反应通常发生在逃跑反应和战斗反应之前或之后，这是人们为了避免更为严重和危险的后果出现而采取的一种权宜策略。如果在一场战斗中，实力较弱的一方可能会被消灭，这时坚持战斗可能会壮烈牺牲，而投降则会换来一线生机。那么，为了活下去，实力较弱的一方可能会通过投降来获得生存的机会。

8. 安慰反应

当投降反应产生的时候，人有可能表现为语言上的求饶、态度上的软化、表情上的温和、动作上的谦卑、行动上的示弱，等等。对于人类而言，投降反应发生的时候，会伴随着恐惧、焦虑、无助、尴尬、难堪和羞愧的感受，在这个过程中，人会产生安慰反应。当然，安慰反应的形式比较多，比如用手抚摸自己身体的某个部位，拽着自己的衣角，等等。安慰反应的目的只有一个，那就是削弱内心的恐惧、焦虑等不良的情绪体验，重新建构内心的安全感和控制感。

心理启示

冻结反应、逃跑反应、战斗反应、投降反应是边缘系统的四种基本反应，对抗行为、龟缩行为、阻断行为、安慰行为是四种派生行为。这八大行为都是肢体语言解读的进化学基础，是识别谎言的心理学基础，聪明的女人一定要牢牢地抓住。

第2章

面部表情：别让表情出卖你的心思

一个人的喜怒哀乐即使掩藏得再深，也会通过面部表情泄露出来。一个眼神、一个皱眉、一个噘嘴都包含了丰富的信息，向我们清晰地展露一个人的内心世界。对此，聪明的女人要善于隐藏自己的神态，别让表情泄露了你的心思。

常见表情下隐秘的内心世界

法国生理学家科瑞尔曾说："我们会见到许多陌生的面孔，这些面孔反映出了人们的心理状态，而且随着年龄的增长，反映得将越来越清楚，脸就像一台展示我们人的感情、欲望、希冀等一切内心活动的显示器。"每个人都有一张特别的脸，在这张脸上隐藏着各种各样的表情，即使对方所表现的是最自然的神态，但也可以窥探出其内心的几分真性情。细微表情是情绪的外部表现，这是由躯体神经系统支配的骨骼肌运动，是感情活动的外显行为，它所反映的是一个人的心理。可以说，表情是无声的语言，我们在与人相处的时候，即使想掩饰自己内心的想法，但还会下意识地从细微表情中表达出自己的情绪。对此，在与对方接触的时候，我们需要仔细观察对方的神态，从细微表情中把握对方真正的想法。

一个人的神态的外显通常被认为是"自然流露"，意思是指有所见或有所感而发，发自内心的自然本真，显示出的神态举止自然而然，但其中也隐藏了不少真性情，你若仔细观察，必会窥探出不少秘密。比如，项羽和项籍看见秦始皇游览会稽郡渡浙江的时候，项羽脱口而出："彼可取而代也。"吓得叔叔项梁急忙捂住他的嘴，这表明项羽心直口快；而汉高祖刘邦在见到秦始皇的时候，则说的是"大丈夫当如是也"，两人截然不同的神态表明了他们不同的心性。

那么，如何从那些看起来很自然的表情中捕捉他人的真实想法呢？

1. 面无表情者

有的人自作聪明地认为"面无表情"就是最自然的神态，其实不然。在日常交际中，许多人会"面无表情"地谈话、交流，轻易不肯说出自己的真实想法。其实，他们真实的想法不外乎三种：一是敢怒不敢言；二是漠不关心；三是根本没有放在心里。当然，也有可能结果恰好相反，只是对方不愿意让你看出来而已。

2. 皮笑肉不笑

在生活中，有许多人经常会以虚假的笑容来迷惑他人，尤其是那些奸诈的小人，他们不愿意表露自己真实的想法，常常以皮笑肉不笑的笑容示人。其实，此时他们内心的想法恰恰是与脸部表情相反的，可能是很愤怒，也可能是想敷衍你，还可能是想亲近你，但其实一点想亲近你的意思都没有。

3. 洞悉对手急躁、不耐烦的表情

人们在生活中学会用许多方法来掩饰自己的内心，当然，他们也知道根据什么样的情况来掩饰什么样的内心。比如，在商业会谈的时候，有的人总显得急躁、不耐烦，眉毛时常跳动，这时，他们有可能没有诚心跟你合作，只想趁早了事，还有一种可能就是他们只想早点结束生意而去参加公司的晚会。

心理启示

在所有的生物中，人的表情算是最丰富、也是最复杂的。据统计，人们的脸部能做出多达25万种表情，恰恰如此丰富的表情使得人们之间的交往变得复杂而细腻。在生活中，我们常常发现人们脸上的表情与其内心的情绪恰好相反，这是为什么呢？其实，这是人们潜意识里不愿意让对方看出自己心理的变化，他们会用看上去比较自然的表情来阻止自己内心情绪的外泄，以此隐瞒真性情。那么，我们是不是就不能窥破对方的真实心理呢？当然不是，狄德罗在《绘画论》中说道："一个人，他心灵的每一个活动都表现在他的脸上，刻画得很清晰、很明显。"

面部表情是其内心世界的显示器

早在古代，就有占卜看相的说法，大致的方法是凭着一个人的面部特征、相貌来预测其命运的看相术，或者只凭一个人的眉毛形状来下定论。其实，在科技日新月异的今天看来，这种所谓的相学都是不科学的，毕竟，只凭着一个人的眼、眉、耳、鼻的形状以及位置等脸部特征，是很难判断出一个人的心理的。然而，若是运用现代心理学，通过一个人的面部表情来判断对方的心理，如此识人心术才能准确地读出他人内心的悸动。一个人心里在想什么，会相应地反映在其脸上，这时，他的面部表情就会泄露一些秘密，如果我们能恰当地识破这些秘密，那么，我们就能知道对方的真实想法了。

这天，张小姐接到了通知，下午将与一个大公司的客户进行商业谈判。当然，张小姐并不是谈判代表，仅仅是陪同而已，真正的谈判代表是公司总经理李兵。

下午，张小姐忐忑不安地跟着李总走进了会客室，客户已经到了。彼此寒暄了几句，就进入了正题。张小姐忍不住看了对方一眼，发现他面无表情，冷冰冰的，似乎不带一丝情绪。她心一紧，好像真的碰到对手了，怎么办呢？她抬头看了看坐在身边的李总，发现一向笑脸示人的李总居然也板着一张脸，张小姐可纳闷了：这是怎么了？两个人是仇人吗？随着谈判的进行，两人都面无表情，公事化地谈论一些合作细节，不到一个小时，两人签了合同。

客户走了之后，李总呼出一口气，整个人显得格外轻松，脸上随之露出了笑容。张小姐不解地问："李总，刚才，你们干吗都板着脸？这样的谈判怪吓人的。"李总笑着解释："这位客户面无表情，想必是一个缺乏人情味的人，跟这样的客户谈判，我笑得再多也没用，还不如跟他一样，面无表情，这样一来，他会觉得跟我是同类，自然就没有了招架之力。”

李总通过客户的面部表情判断对方是一个缺乏人情味的人，洞悉了对方真实的想法，李总保持同样的表情，以此达到了自己的目的。有人说：“表情比嘴巴更会说话。”有时候，我们仅凭一个表情的动态就能揣测出对方的心理。从心理学来看，表情是动情的一种反映，而动情则是一个人感情、意志等内部的心理活动。因此，只要我们仔细观察对手的面部表情，就可以读懂对方的心，再对症下药，达到交际的最终目的。

我们可以这样说，面部表情是一个人内心世界的真实映照。比如，一个女人脸泛红晕，一般是羞涩或激动的表示，男女在相恋的时候，女人也时常会脸红；脸色发青发白则是生气、愤怒或受了惊吓的紧张情绪的表示。眉毛、眼睛、鼻子和嘴巴则表示情绪丰富而微妙多变，比如，皱眉表示不同意、烦恼，扬眉表示兴奋，眉毛闪动表示加强语气，眉毛扬起而又短暂停下表示惊讶或悲伤。

下面，心理学家就简单地列举两种常见的面部表情，为你一一揭开他们真实的内心世界。

1. 表情善变者

有的人表情会随着感情的变化而复杂多变，时而喜悦、时而遗憾、时而气愤，其内心的变化毫无顾忌地表现出来，这就是表情善变者。一般而言，表情丰富是一种比较积极的心理，但是，对于表情善变者来说，却不是这样。

因为，大多数人都会习惯性地隐藏自己的某些情绪，像这样毫无顾忌地表现出来，却是另一种心理状态。这样的人大多自私自利，唯我独尊，只要一点点不符合自己的意愿，他们的表情就会大变。面对这样的人，如果他的表情开始变化，那么，你不妨先认同其想法，适当附和，等其情绪稳定之后再慢慢交流意见。

2. 表情丰富且喜欢笑的人

有的人表情丰富，而且喜欢笑，这表明他们拥有良好的人际关系，善于处理人与人之间的关系。而其善意的笑容时常给人以亲近的感觉，他们属于容易亲近的类型，性格大多外向，易沟通。即使面对不合的想法，他们也会详加考虑，喜欢为他人着想，与这样的人谈判，不得不说是一次愉快的沟通。

心理启示

有人说："人的面部表情是人的内心世界的显示器。"一般而言，一个人感触到的喜怒哀乐都会表现在脸上，一个人是否高兴看他的表情就知道了。但是，心理学家认为，并不是每一个人的真实内心都反映在面部表情上，有时候，他们为了寻求自我保护，会下意识地隐藏自己的一些真实情绪。不过，只要我们仔细观察，透过细微的表情，同样能捕捉到其中的秘密。在生活中，一个人面部所表现出来的各种情感，那是最能吸引人的表情。或许，在对方未开口之前，你就能从其面部表情中获取一些信息，了解到对方的情绪、气质、性格、态度等。俗话说："看人先看脸。"脸是一个人内心世界的外观，当然，所谓的脸并不是指人的长相，而主要是指面部表情。

嘴巴的表情比较多

嘴巴能发出声音，它是我们与外界交流的一种主要器官。通过医学研究发现，我们可以从一个人嘴巴的大小、弹性，窥视出其身体的健康程度、有无行动力与生命力，此外，嘴巴的经常性动作，也往往影响一个人先天形成的嘴形。因此，我们可以通过嘴巴的小动作，来窥探出一个人的内心世界，来洞悉对方真实的态度。虽然，嘴巴不能完全地暴露一个人的真实态度，但嘴巴却常被称为"出纳官"是有一定道理的，这说明在某些时候，嘴巴也能泄露一个人最真实的秘密。嘴巴有四种基本的动作：张开闭合，向上向下，向前向后，抿紧放松。或许，嘴巴还有许多奇怪的小动作，而这些却是我们洞悉他人内心世界的最好途径。

客厅里，妈妈正在训斥小明："你说你究竟怎么回事？期末测验才考了这么几分，你对得起我和你爸爸吗？我们辛辛苦苦工作，那都是为了你，结果呢？你就是这么报答我们的？"小明没有吱声，只是咬着嘴唇，心想：你们平时只知道工作，谁真的关心过我？现在知道来问我的学习成绩。

妈妈见小明没有任何反应，说得更起劲了："我看你真不是学习的那块料，你要真不想学了，干脆退学算了，跟着我学做生意吧，当你体会到了辛苦就知道学习是一件多么幸福的事情……"在妈妈训斥的整个过程中，小明一声不吭，只是咬住自己的嘴唇，以示抗议。

心理学家认为，一个人在生气或压抑怒气的时候，会咬住自己的嘴唇，感到后悔、惋惜，或者无法接受这个结果。其实，咬嘴唇是一个自我惩罚性的动作，人面临失败或者遭受别人严厉批评的时候，会不自觉地咬住自己的嘴唇。

其实，嘴巴的小动作还有很多，有的人会把嘴抿成"一"字形，有的人喜欢把嘴巴缩起，有的人喜欢将嘴角稍稍上场，有的人老是咬嘴唇，有的人说话时用手掩口，还有的人时常舔嘴唇，等等。下面，我们就对这些小动作背后所隐藏的秘密一一揭晓。

1. 咬嘴唇

心理学家认为，咬嘴唇这个动作所表示的是生气、不满意的意思。与人相处，当对方咬住嘴唇的时候，有可能表示他正在生你的气。不管为何生气，说明当事人心情已经欠佳了。这时候，你说话要小心，千万不要说错什么，否则，会惹得对方很不愉快。

当你批评一个人的时候，若对方做这样的动作，那表示对方已经生气了。这时，你应该停止批评，而用一种肯定的语气来赞扬对方，如果你直截了当地问："你在生气吗？"那有可能会引发一场"大火"。

2. 嘴唇的"表情"

心理学家认为，嘴唇半开或全开表示疑问、奇怪、惊诧。一般而言，很少会有人做这样的动作。嘴角向上表示善意、喜悦的意思，这体现出对方的真诚。嘴角向下，则表示痛苦、悲伤、无可奈何。

下嘴唇向前撇，这表示对方并不相信你所说的事是真实的，而且，他还想找证据来反驳你的观点，直到你承认自己所说的是假的。如果上下嘴唇都向前撇，这表示对方的心理处于某种防御状态。

3. 经常舔嘴唇

心理学家分析，有的人在说话时会不时地舔自己的嘴唇，似乎嘴唇上抹了蜂蜜一样。其实，这样的人很可能压抑着内心因兴奋或紧张所造成的波动，所以，他们才会口干舌燥地喝水或舔自己的嘴唇。

4. 以手掩口

有的人在说话时以手掩口，这样的动作经常会出现在女性身上。这样的女人性格比较内向、保守，有的女人还比较自闭，不敢过多地暴露自己。如果对方是一个陌生人，那就表示对他人怀有戒心，或许，他只是在作某种自我掩饰。

心理启示

心理学家告诉女性朋友们，在人的面部器官中，嘴巴的目标比较大，所处的位置比较显著，加上其小动作比较多，所以，它所表现的内心世界也是非常复杂的。即使在嘴巴微微闭合的时候，嘴巴上的肌肉也会出现极为复杂的变化，哪怕是细微的内心变化，也能通过嘴唇的小动作表现出来。

解析普通的神态表情

神态表情，大多指一个人面部所呈现出来的具体形态。表情，也就是人通过面部形态变化所表达的内心思想感情；神态，也就是人的面部所表现出来的神情态度。通常情况下，这两者是相通的，神态表情，其实主要是指人在脸上所呈现出来的态度变化。

从心理学来说，每个人的神态表情都反映其相对的心理状态。比如，一个身体健康、心情愉悦的人，他的神态表情为红光满面、神采奕奕；相反，一个苦恼忧愁的人通常会愁云密布、眉头紧锁。其实，面相即为心相，一个人的神态表情就是其心理的写照。

《红楼梦》里，湘云给袭人带来绛纹戒指，黛玉笑她在“前日”没有让人把袭人的一同带来，“是个糊涂人”。湘云作了一番分辩。这时，宝玉、黛玉、宝钗等几个人都笑了。宝玉笑道：“还是这么会说话，不让人。”黛玉听了，冷笑道：“她不会说话，就佩带‘金麒麟’了！”一面说，便起身走了。幸而诸人都不曾听见，只有宝钗抿着嘴儿一笑。宝玉听见了，倒后悔自己又说错了话；忽见宝钗一笑，不由得也一笑。宝钗见宝玉笑了，忙起身走开，找了黛玉说笑去。

虽然大家都在笑，但却由于每个人的心理不一样，他们所表现出来的“笑”也千差万别。宝玉笑得很亲热，给人一种亲切的感觉，因为他习惯了与湘云开玩笑；黛玉的笑是妒忌的“笑”，她担心宝玉会因金麒麟与自己生隙，顿生妒忌之情，而且这样的心理影响到了宝玉，“宝玉听见了，倒后悔自己又说错了话”；宝钗则是幸灾乐祸的“笑”，后来宝玉见宝钗笑了，也自我解嘲地“笑”了。宝钗见宝玉笑了，却又忙着走开，找黛玉“说笑”了，这里的“笑”是为了掩饰自己与宝玉的相视而笑。

下面，心理学家就列举两种常见的神态表情：

1. 目光

泰戈尔曾说：“一旦学会了眼睛的语言，表情的变化将是无穷无尽的。”眼睛是心灵之窗，它可以如实地反映一个人的喜怒哀乐。而由眼睛散发出来的光则是一种直接的神态表情，可以说，目光是富有表现力的一种“语言”，适当地运用能给交往带来好处。

2. 笑容

笑容，也就是人们在微笑时的神态。笑容的核心在于笑，也就是人的面部要呈现出愉快、欢乐的神情。笑主要以愉快、欢乐为首要特征，当然，笑容有很多种，比如微笑、欢笑、狂笑、苦笑、奸笑、傻笑、冷笑，等等。不同的笑容反映了人们不同的心理状态。

罗兰曾说：“面部表情是多少世纪培养成功的语言，是比嘴里讲的要复杂千百倍的语言。”确实，人类是生物界的宠儿，其表情简直可以说变化多端，不可胜数。即便如此，神态表情却是有共性的，它超越了地域文化的界限，可以成为一种人类的世界性“语言”，在世界上，神态表情是可以通用的。

心理启示

心理学家认为，在生活中，神态表情是作为传情达意的一种重要沟通方式，它指的是通过眼神、动作、面部表情等来表达内心思想的一种非语言形式。神态表情不仅仅彰显自己的喜恶，更为重要的是，通过自己一颦一蹙的变化展现内心世界。在现实生活中，不同性格、身份、经历的人会有各种不同的神态表情。当然，单纯的神态表情并不能完成一次沟通，它必须在事件、环境、心境的状态下才能恰如其分地表现出来。

表情有时会背叛内心

我们经常会说，表情是内心世界的一面镜子。但是，在某些场景中，这面镜子也会有模糊的时候。换言之，表情与心理有时也会不对称。有首歌的歌词是“你的眼睛背叛了你的心”，其实，不仅眼睛是心灵的窗户，表情、语言、身体动作等，都可以在不经意间出卖其内心的想法。著名的微表情大师保罗·埃克曼教授通过美剧《别对我撒谎》，曾指出：“当一个人表达一件事时，他的表情、肢体动作和语言不同步出现、或许不协调的时候，很可能说明心中有鬼。”究其原因，那是人的语言和表情可以被设计、伪装，比如一个看似面无表情的人，有可能他此时正内心汹涌澎湃，那是我们无法用眼睛识别出来的。

生活中，我们经常看到这样的场景：当收到一份自己喜欢的礼物时，通常的人会一边微笑，一边说“我很喜欢”；假如对方先说“我真喜欢”，过了几秒钟，才露出笑容，那有可能说明他所表露出来的表情是违心的、虚假的，实际上他并不太喜欢这份礼物。同样的道理，当我们与他人发生了争执，对方突然重重地拍打桌子，继而露出愤怒的表情，而且大声呵斥你，那也不用太在意，这表明他很有可能在装腔作势。假如这个人真的生气了，那他必定是一边拍桌子、一边大声斥责你。其实，这些都是表情与心理不一致的情形。

现年54岁的美国纽约心理学教授马克·萨勒姆被誉为“读脑大师”，他好像一台活的测谎仪，可以从别人身上最细微的表情和动作判断出他们是否在撒谎。

在美国著名的“辛普森杀妻案”中，萨勒姆确信，辛普森的确在杀妻案中撒谎了。他说：“隐藏了某些秘密，当辛普森被问及是否和这起谋杀案有关时，他的回答是：‘我100%无辜。’当他说这句话时，他的眼睛以我曾见过的最长、最慢的方式眨了一下。”

而在美国前总统比尔·克林顿与莱温斯基性丑闻爆发后，通过电视否认此事时，萨勒姆立即就知道克林顿撒谎了，萨勒姆说：“因为他在说这句话时，垂下了自己的下巴。”相反，萨勒姆称希拉里的肢体语言却显示，她真诚地相信丈夫是无辜的，萨勒姆说：“她坚定的眼神和真诚的微笑都显示，她一开始就确信丈夫是无辜的。”

当表情与心理不一致的时候，大部分预示着这个人在撒谎。其实，随着人与人之间的交往不断深入，我们发现，在现实生活中，要想使心理和表情达到一致，几乎是微乎其微的。毕竟，每个人因情境或当时的需要，会有意识地掩饰自己内心真实的想法。

心理启示

那么，对于那些表情与心理不一致的情况，难道我们就毫无办法揣测对方的真实心理了吗？当然不是，因为下意识的表情和动作是无法轻易被心理所控制的，在虚假表情闪现的某个瞬间，只要我们抓住时间差，就可以拆穿对方的谎言。

捕捉微表情隐藏的秘密

微表情是反映一个人内心活动的一面镜子，所以，我们说微表情背后的秘密往往隐藏在人的内心，所以，只要我们剖析了一个人的微表情，就可以顺着对方的表情窥探出其内心的活动。即使是不同种族、不同国籍的人，他们都有一个共同点：拥有快乐、悲哀、静穆和狂怒等复杂、丰富的表情。而通过这些表情，我们完全可以看出一个人的精神生活和内心变化，所以，我们说人的表情是其灵魂的一面镜子。在这个充满谎言的世界里，人的面部表情比语言、行为显得更加真实、更加直接。在转瞬即逝的微表情里，实际上隐藏着人真实的行为心理感受。

这是一场招聘会，面试官问："如果用一种水果来形容自己，你觉得哪种最合适？""请说出矿泉水瓶子的三种用途""如果让你帮姚明挑选设计他在美国的厨房，你会如何设计？""你觉得专业和兴趣应该怎样跟社会实践相结合？"

面对面试官的步步逼问，场上的几位面试者表情迥异，有的开始挠头，有的开始紧抿嘴唇，有的眼睛盯着天花板。

30秒的思考时间很快过去了，几位面试者开始回答问题。挠头的那位支支吾吾，他回答说自己像西瓜，但半天也说不出自己为什么像西瓜：

“我感觉我的内心不够坚强，就像西瓜，虽然外皮比较硬，但里面其实很柔软。”抿嘴唇的那位反复强调在实践中完善自己的专业知识，却说不清两者是怎样结合的。

为什么说微表情里隐藏着人们最真实的心理呢？心理学家给出了这样的答案：

1. 微表情是转瞬即逝的

微表情，几乎一闪而过，一般甚至清醒的展现表情的人和观察者都察觉不到这细微的变化。在表情实验里，只有百分之十的人才能察觉到，这意味着，相比人们有意识作出的表情，微表情更直接地体现人们真实的感受和心理动机。尽管，我们常常会忽略微表情，不过，人们的大脑依然会受其影响，改变对别人表情的理解。

2. 微表情是无法伪装的

微表情作为心理应激微反应的一部分，出于人类的本能，无法伪装。即使人们平时很努力地掩饰自己的真实感受，强颜欢笑，都只能在出现的第一瞬间的微表情之后，才能表现出自己想要表达的表情。因此，微表情是了解一个人内心真实想法的最准确的途径。

心理启示

在美剧Lie to me中，莱特曼博士有这样一句台词：“你刚才双手抱胸同时后退，这是一种下意识的退缩和躲闪，你在说谎！”在剧中，他一次次通过“微表情”洞悉他人的心理，从而揭露出罪犯最真实的心理活动。可以说，一个人可以表现出成千上万、不计其数而十分微妙的表情，而且表情变化非常迅速、敏捷和细致，可以真实、准确地反映一个人的情感以及心理活动。在对方未开口之前，你就可以通过其表情捕捉到一些信息，对其情绪、性格、态度等有所了解。俗话说：“看人先看脸。”在这里，脸面不仅仅指人的长相，主要是指表情。

第3章

肢体动作：举手投足间传递丰富信息

心理学家告诉女性朋友们：一个人的性情本质，无论她如何掩饰都会通过行为举止一览无遗，对此，我们可以观察对方的基本工作来洞悉其个性心理。当我们看到一个人不停地点头时，不要误以为他同意你的看法；当一个人对你摇头时，也不要以为他在拒绝你。

基本的头部动作

心理学家认为，人的头部有直观感觉，有关专家对动物头部的形状做过分析，结果发现动物的性格与其头部的大小有很大的关系。通常情况下，头部大的动物都比较好斗，而头部小的动物则很温顺。对此，美国心理学家提出了这样一个观点：头部越大越饱满的人，他的智商可能就越高。当然，除了头部的形状之外，头部的动作往往可以让人获得一些重要信息。

曾经有心理学家做了这样一个实验：让82名参加实验的大学生戴上立体声耳机，要求一半学生听的时候每秒钟点一次头，另一半学生听的时候每秒钟摇一次头。然后他在耳机里播放了一段广播，内容是鼓吹增加学费。

他让点头那组学生听的是十分没有说服力的增加学费的理由，比如增加学费可以开展小班授课；而让摇头那组学生听的是十分有说服力的理由，比如增加学费可以在校园里种郁金香、请清洁工、美化校园。结果摇头那组学生的感觉是，摇头使他们对自己原有的反对意见产生了怀疑，反而不那么强烈地反对增加学费了。

结果证明了人在点头的时候不一定是同意别人，而是进一步加强了自己原先的想法，摇头则反之。因此，心理学家告诫所有的女性朋友们，当你看到一个人不停在点头时，不要误以为他同意你的看法；而当一个人对你摇头的时候，他也未必最终拒绝你。

对于女性朋友要弄清楚头部动作的含义，这并非一件很简单的事情，通过心理学家对头部基本动作进行分析，可以知晓它们大概所包含的意义：

1. 头部下垂

心理学家告诉女性朋友们，当双方交谈时，一方将头部下垂，并呈现出低头的姿态，所表达的意思是“我在你面前压低我自己”。假如低头的人是对方的上级或位高者，则是以消极的方式表达“我不会只认定我自己”，从而他需要表达的是“我是友善”。假如对方把头下垂，甚至看不见他的脸，则说明对方自卑或者害羞。

2. 头部上扬

心理学家告诉女性朋友们，假如双方刚刚见面，对方的头部就上扬，意思是“很惊讶看到你”，或者表示“你怎么会出现在这种地方”；假如在双方交谈过程中，对方忽然有一个头部上扬的动作，则表示他忽然理解了你所说的话，并对你的话表示同意。

3. 头用力地转向一边

心理学家认为，把头用力地转向一边，然后恢复原来的位置，也就是头的单侧摆动，表示不同意你刚才所说的话，或者拒绝你刚才的请求。头部半转半倾向一侧，表示一种友好，意思就是“我们关系还不错啊”。

4. 不停地摇晃头部

假如对方在跟你说一件事的时候，不由自主地摇晃头部，这表示他在说谎，尽管努力争取控制摇晃头部的动作，不过不能完全控制。假如很猛烈地摇晃头部，说明他很紧张，一定是做错了什么事情或者决定背叛你，不过一时又找不到很好的理由跟你说。假如慢慢地摇晃头部，则表示对方对你说的话或对眼前所发生的事情感到十分惊讶，以至于惊讶到摇晃头部来让自己清醒地接受这个现实。

5. 头部僵硬

心理学家认为，头部僵硬说明对方根本不害怕你，对你不屑一顾，假如双方在谈论问题，那么他就是坚持自己的观点，而且没有丝毫退让的迹象。不过，假如头部僵硬，即使面临突发状况也面不改色，可能仅仅觉得心里无聊，有点发呆的迹象。

6. 头部往回缩

有的人习惯头部往回缩，心理学家分析，这是一个回避的动作。假如他面前有什么东西，这表示他的头部受到了威胁，往回缩是一个自然的反应动作。

7. 头往前伸

假如前面发生了什么事情，一个人把头部往前伸，则表示他已经注意到所发生的事情了，而且对此还比较感兴趣。当然，主要根据前面到底发生了什么事情而作出各种分类。假如两个相恋的人，表示对方比较友好，伸长脖子不过是为了便于亲吻；假如双方之间刚发生过冲突，则表示不畏惧对方，而且瞪视对方就好像在洞察对方的眼睛。

8. 头部向后

心理学家认为，这是势利小人或十分自信之人常常做出的动作，他们采取鼻子朝天的姿势，表示对你的挑衅。这种头部后仰的动作，其情绪变化大概是：从沾沾自喜、桀骜不驯到自认为优越而存心违抗。可以说，有人做出这样的姿势是挑衅而非温顺。

9. 头部向侧面移开

有人习惯性将头部向侧面移开，心理学家认为这是一项保持性的动作，或把脸部移开以回避对身体有威胁的事物，也可能是对方想借此掩饰脸部之机而隐藏自己内心的真实意图。

10. 歪斜着头

心理学家认为，这样的动作通常由女性发出，一般表示需要依靠，假如对方在玩弄风情，那么歪斜着头部则表示假装天真无邪或故意卖弄，这不过是想吸引你的注意。

11. 头忽然上扬然后恢复正常

假如是刚认识或者不熟悉的人，头部上扬表示很惊讶；假如是在彼此熟悉的场合，此动作则表示当事人忽然明白了这件事的要旨，是猛然间领悟的表现；假如将头部垂下呈低头的姿态，这表示屈居人下；假如居上位者做这样的动作则表示消极。假如在商务谈判中，低头这种身体语言是十分不受欢迎的。

心理启示

心理学家告诉女性朋友们，头部的基本动作都有其特别的含义，比如抬头表示持中立态度，不过高昂的下巴却展现出自己强烈的个性；而头部倾斜则表示顺从；人们低头时往往容易形成批判性的意见和反对的态度或者沮丧的情绪。

点头的意思不可小视

通常，点头这个动作表示肯定或赞成的态度。其实，“点头”有两方面含义：第一，表示“同意”或“关心”；第二，也可能表示“不关心”、“动摇”或“无聊”等负面感情。然而，女性朋友如何分辨点头的具体含义呢？关键在于点头的时机，比如在一句话说完的间隙或征求对方同意时，点头表示他“同意”你的观点，这是他对你的话感兴趣的证据，也表示他在认真地听你说话。

实际生活中，点头还有其他一些意义，女性朋友不仅要善于点头，而且还需要把握点头的频率。

1. 点头是一种顺从

点头，其实就好像一个人正准备鞠躬，不过动作只进行到头部就停止了，最后以点头的动作象征性地表示鞠躬这个姿势。心理学家认为，鞠躬的姿势隐含着顺从的意思，因此点头的动作也表示出我们对别人观点的肯定。通过研究可以显示，那些先天性聋哑或失明的人，通常也会用点头的动作来表示赞成和肯定。这样看来，似乎人天生就会使用这种动作来表示顺从的态度。

2. 点头激发对方说下去

心理学家认为，在沟通过程中，假如倾听者每隔一段时间就向说话人做出点头的动作，而且以三次为宜，就会激发说话人的表达欲望，可以让他比平时健谈很多。当然，在其他一些国家，表达肯定或赞许并非只有“点头”这个动作，比如在印度，头部左右摇摆，也就是摇头的动作，这是用来表达肯定和赞成；而在日本，点头的动作未必表示“是的，我同意你的意见”，它往往表达的是“是的，我听到了你所说的话”；在阿拉伯国家，单一的抬头动作用来表示否定的态度；而保加利亚人则通常用点头表达否定的态度，也就是用摇头来表达肯定的态度。

3. 点头表示专心倾听

女性朋友在生活中要善于点头，可能大部分女人并没有意识到点头的威力。其实，掌握一定的技巧可以使点头的动作成为相当具有说服力的工具。在倾听过程中，假如你每隔一段时间点头，就会激发对方谈话的欲望。而且，点头的频率可以显示出倾听者的耐心程度，缓慢点头的动作表示倾听者对谈话内容很感兴趣，因此当说话人在陈述自己的观点时，女性朋友可以向对方缓缓地点三次头，表示出认真思考的态度；快速的点头动作等于告诉对方，你已经听得不耐烦了，或者催促说话人立即结束自己的发言，便于给自己一个表达意见的机会。

4. 点头是一种友善

心理学家认为，点头的动作具有两个强有力的功能。因为身体语言是人们的内在情感在无意识的情况下所作出的外在反应。因此，假如你怀着积极或肯定的态度，那你说话时就会频频点头。相反，假如你在说话时刻意地做出点头的动作，那你的内心同样会体验到积极的情绪。简单地说，积极的情绪可以引发点头的动作，而点头的动作也可以激发积极的情绪，两者互为因果关系。

5. 点头有较强的感染力

点头的动作具有较强的感染力，假如有人对你点头，你通常也会回他以点头的动作，即使你不一定同意他所说的话。所以，如果女性朋友需要建立友善关系、赢得肯定意见与协作态度等方面，点头的动作可以说是一种巧妙的手段。在与别人谈话的时候，不妨在每句话结束之前添加一句话，再次肯定自己的观点，比如“难道不是吗？”“你应该也是这样想的吧？”“这难道不对吗？”或者“相当公平了吧？”这样边说边点头，对方就会附和你，于是他的内心就会产生积极的情绪，从而赞成你的观点。

6. 点头激发对方肯定的态度

心理学家告诉女性朋友们，假如你在谈话时向对方提出了一个问题，而在听取对方答案的时候，你可以边听边点头。当对方回答完毕，你可以继续再点五次头，频率大概保持在1秒一次。一般情况下，当你点第四次头的时候，对方就会再次开始说话，提供给你更多的信息。而你只需安静地一边倾听一边点头，同时把手放在下巴上，做出认真思考的样子，你就不会有必须开口说话的压力，而且对方也不会对你留下审问者的印象。在倾听的过程中，可以做出轻轻抚摸下巴的动作，因为这个动作能够激发别人说话的欲望。

心理启示

心理学家建议，假如有人不分时机地频繁点头，则说明他对你的话没有兴趣，或者感到厌烦。他心里可能在想：“你赶快说完吧！”当然，也可能是你的思路与他不一致，于是他产生了厌烦的情绪。他想通过点头的方式，催促你赶紧把话说完，以度过这段无聊的时间。在了解了点头的心理之后，在某些场合，女性朋友可以通过这种方式提醒别人注意自己所说的话。但是，当女性朋友内心产生“不关心”、“动摇”或无聊的情绪时，又不想让对方看透自己的心思，那就需要注意自己的点头频率。

脸部肌肉紧张显示其情绪

如果我们只关注一个人的下半张脸，观察其鼻子周围和嘴部的形态，那是没办法判断对方的表情和情绪的。比如，由于其上嘴唇没有明显提升，所以鼻翼也没有被提升，那鼻翼两侧和脸颊两侧就没有直接挤压形成的沟纹。尽管，有时候我们难以从这些细微的表情中判断对方是否愤怒，但是，我们却可以注意其脸部的肌肉是否紧张。当憋在嘴里的怒气乱窜，自然就会引起肌肉的紧张或收缩，这时如果我们仔细观察，就会发现其脸颊的肌肉在微微颤抖，而这恰恰暗示了他的愤怒。

小媚的男朋友是典型的暴脾气，他属于那种脾气来得快也去得快的人。男朋友愤怒时的样子是最吓人的，小媚一直是这样认为的。而让她感到最恐惧的是前不久发生的一件事，我们来听听小媚是怎么描述的：

那天我在家里上网，闲来无事，就跟一个旧识聊了起来。正聊得火热的时候，男朋友小军来了，他打电话时已经在我楼下了。我很意外他会来看我，而让我更意外的是，他竟然给我买了那个早已看中的包包，还有一大袋零食，平心而论，他对我算很好了。可就在我来不及高兴的时候，他一眼看到了我的聊天记录，因为是旧识，所以说话毫无顾忌，开开玩笑很正常。但男朋友很小心眼，马上脸色就变了，低头就将屋子里的垃圾桶踢倒了。

我自知理亏，没理会。没想到我越是不说话，他越是坐不住。他开始说："我不知道大老远来看你干什么，还给你买礼物，你呢？却在这里跟网友聊天。"他越说越难听，我忍不住辩解，但我越说他越生气。就在我说话的时候，他突然睁大眼睛看着我，脸部的肌肉不断地颤动，嘴角有牵动的痕迹，他这个样子吓坏了我，甚至忘记了该说什么。我愣了一下，突然清醒过来，我知道他在极力克制愤怒的情绪，我也知道我该沉默了，否则，他会忍不住出手打我。

心理学家一再强调愤怒的情绪呈现主要在于眼睛和眉毛的形态。比如，当一个人的怒气开始散去，他的嘴部就会变得松弛，不过，因为愤怒的刺激源依然存在，所以眼睛还是可以强烈地表达出愤怒情绪，但就面部表情而言，愤怒的程度还是比较严重。不管愤怒的表情关键在于什么，它所带给我们的威慑力依然是存在的。

心理启示

心理学家告诉女性朋友们，我们可以想象一个人脸部肌肉紧张的样子，估计他已经气得全身发抖了，甚至连面部肌肉都开始颤抖了，这暗示当事人的愤怒情绪已经达到顶点。当然，这样的细微表情还需要我们就近观察，但恰恰是就近观察，却给我们内心震慑的感觉。这样强忍怒火，使肌肉紧张的情绪状态，比张嘴骂人，甚至出现肢体上的攻击行为更可怕。毕竟，肢体所能够表现出来的愤怒行为还是可以接受的，但隐藏在紧张肌肉里的愤怒，不知道它何时才会爆发，那才是最恐怖的。

自我拥抱式的抱臂姿势

行为心理学家提醒各位女性朋友们，通常情况下，男人们感到有危险降临，就会下意识地用手护住下身，似乎这样的动作就可以保护他们的关键部位，从而增加内心的安全感。早在远古时代，人类祖先差不多已经学会了躲在别的东西之后，以此寻求保护自己。这样的遗传因子将有效地衍生婴儿身上，所以，当孩子年纪尚小的时候，若是感觉到了危险就会想到躲在桌子或椅子等固定物体后面。随着年龄的增长，那些躲避的肢体动作会渐渐变得复杂起来，或许认为躲避的行为显得难为情，所以，即使遇到危险的时候，也不再像以前那样躲到障碍物后面，而是学会了将双臂紧紧交叉抱于胸前来保护自己的动作。

然而，双臂紧紧交叉抱于胸前的动作本身极具敌意，若是在公众场合，这种动作是极不讨人喜欢的。所以，年龄越大，人们越来越习惯掩饰自己，他们通过稍稍放松手臂以及配合双腿交叉的动作来隐藏环抱双臂这个动作的自卫性，从而掩饰自己内心的不安情绪。

安安是一位来自山村的姑娘，尽管她现在看上去根本不像一个农村女娃，浑身上下都散发着城市女孩子特有的青春靓丽。然而，每每遇到一些优秀的人，或者去家境富裕的朋友家里，她骨子里的那种自卑就流露出来了，她的内心总是感到不安、恐惧，担心别人知道自己是农村人这个秘密。

家住城区的男朋友几次邀请安安去家里做客，都被安安拒绝了。春节的时候，男朋友为这事和安安商量很久，安安觉得这次再拒绝，情面上就说不过去了。丑媳妇总要见公婆，安安这样安慰自己。但是，当走进男朋友家里时，看着富丽堂皇的装饰，坐在沙发上的安安感到很不安，她担心未来的婆婆瞧不起自己，不由自主，她双手交叉环抱于胸前，这一幕被颇有知识的未来婆婆看在眼里，她耐心地询问安安家里的情况，轻声安慰着："你可别紧张，看你生得这般青春可爱，就知道你们老家那边山清水秀，很出美女吧？"未来婆婆的一句话拉近了与安安的心理距离，安安很快卸下心理防备，手臂也渐渐地松弛下来，很随意地放在沙发上。

然而，某些事情就是这样特别，你越是掩饰，却越容易在不经意间流露出来。尽管成年人喜欢隐藏自己，在刻意的掩饰之下，内心的情绪依然是惴惴不安的。一旦有危险来袭的时候或遇到不如意的事情，人们潜意识里会将一只或两只手臂交叉抱于胸前，用自己的肢体形成一道身体防线，抵御外来的危险，从而达到保护自己的目的。

人在紧张的时候，为什么会出现双臂环抱于胸的动作呢？

1. 潜意识里想保护自己

我们来解读双臂环抱胸前这个姿势，交叉抱于胸前的双臂可以保护心脏、肺等重要的生命器官，因此，这个动作可能源自人类天生的本能。比如，猴子和猩猩在遇到正面进攻的时候，也会做出同样的动作来保护自己。

心理学家认为，当一个人紧张不安想保护自己，或不愿意接受他人意见的时候，他很可能会将双臂交叉，紧紧环抱于胸前，传递给对方的信息是"我很紧张，感到不安"。

2. 双臂环抱这个姿势对于个人而言是舒服的

心理学家认为，大部分人已经将双臂交叉抱于胸前变成自己的习惯性动作，理由是他们这样做让自己感到舒服。实际上，人的任何一种姿势都是与其内心的想法相对应的，换言之，假如你对某人或某事抱有否定的观点或态度，或者你根本就持有一种防御的心理，那你将双臂交叉环抱胸前就会感觉舒服自在。相反，假如你在与朋友们交谈甚欢时做出同样的姿势，就会觉得有些别扭。

3. 带着强烈的敌意

行为心理学家认为，双臂环抱于胸前，双拳紧握，传递强烈的敌意。女性朋友应该记住，当一个人将双臂交叉抱于胸前的同时，两只手也紧紧地攥成拳头夹于腋下，表明他不但具有较强的防御意识之外，还有明显的敌意。

假如对方做出了这样一个姿势，同时还伴随着双唇紧闭的微笑，或者干脆露出了咬牙切齿、满脸涨红的表情，那接下来将免不了口舌之战或是更加激烈的打斗。尽管我们不清楚纷争的起因，但当务之急就是用一种较为缓和的方法找出导致对方情绪激动的根本原因，同时安抚对方，防止事态进一步恶化。

心理启示

心理学家告诉女性朋友，当你将双臂交叉抱于胸前，就好比你与对方之间筑起了一道障碍物，将你不喜欢的人或物统统挡在了外边。双臂交叉抱于胸前的姿势在人与人的交流中相当普遍，而且世界各地对这个姿势的理解也几乎是相同的：消极、否定或防御。比如，在一些自助餐厅、电梯等公共场所以及众人排队等候的过程中，我们经常会看到有些人在不确定或感到不安全的时候做出这样的姿势。

脚部的肢体语言

人们总会有这样的思维，头部是最重要的肢体部分，而越远离头部的身体部位，就越不会被人关注。在平时生活中，大多数人都对自己的脸部十分在意，而且他们在进行肢体表达的时候，会有意识地控制自己的面部表情和头部动作。甚至，某些专业人士或从事特殊职业的人还通过无数次练习，从而熟练地掌握一些表情。比如，有的人在遇到巨大痛苦的时候，可以装作若无其事；有的人明明持反对的意见，却假装顺从；有的人很想哭，却强作笑颜。假如妈妈在你生日时送了一件不太合你意的衣服，尽管你不是很喜欢，但肯定会情不自禁地展露笑颜。不过，在这个过程中，我们除了脸部之外，很少会注意到双臂和双手的姿势，胸部和腹部也不受重视，更别说是脚部的动作，甚至我们几乎忽略了双脚。

小王是一家公司的客服人员，他的这份工作并不令人羡慕，主要负责追讨客户债务。当行为心理学家看到他给很多客户打电话时，虽然他的声音显得很放松，不过心理学家却发现，他的脚踝始终紧紧相扣，并且放在椅子下面。但是，只要和心理学家说话，他就不会做出这样的动作。所以，心理学家问他："你喜欢这份工作吗？"小王马上回答说："非常喜欢！这份工作很有意思。"尽管小王的表情和语气都很令人信服，但是他的回答实在与他的身体语言相矛盾。

所以，心理学家再次问道："你真的这么认为吗？"小王沉默了一会儿，松开了脚踝，手掌也舒展开了，然后回答说："哦，实际上，我都快要被逼疯了！"小王告诉心理学家，自己每天都会接到许多客户打来的电话，有的客户态度十分粗鲁，还有的客户口吻非常凶悍，因此他总是不断练习控制自己的情绪，以免被客户察觉到自己的不满情绪。

当然，除了小王之外，心理学家还发现那些不喜欢通过电话与客户交流的销售员，大部分都习惯保持脚踝相扣的坐姿。

脚踝相扣是一个特别的姿势，行为心理学家做过大量的调查，以此证明这个观点。比如，在等候法庭宣判时，被告做出脚踝相扣的动作的概率是原告的三倍，因为将紧扣的双脚放在椅子下面，有利于他们控制自己激动的情绪。

1. 轻轻晃动双脚

行为心理学家认为，人们的腿部和双脚是丰富的信息源，可以泄露人们内心的秘密。由于大多数人都会忽视自己腿部和双脚的动作，他们甚至连想都没想过要掩饰或伪装腿部的动作，因为他们把大量时间和精力都用于掩饰和伪装自己的面部表情了。对此，女性朋友们可以仔细观察，一个人可能会假装镇定自若，但是假如他的双脚不断地轻敲地板或者双腿总是微微晃动，这说明在其表面平静的神情下，内心却充满了想掩饰又掩饰不了的挫折感。

2. 会撒谎的双脚

行为心理学家曾经邀请一些经理参加系列测试，要求他们在情景访问中撒谎，而且尽可能表现得令人信服。结果发现所有参加测试的经理，不论男女，在撒谎时脚部的下意识动作都会多很多。

经过调查发现，大多数经理在撒谎时会掩饰自己的面部表情，甚至会有意识地控制自己的手势语言，然而，这些平日里十分精明的经理却忽略了如何控制自己双腿和脚部的动作。对此，行为心理学家告诉女性朋友们，当一个人在撒谎的时候，其下半部分的肢体动作会大量增加，因此只要观察者能够看到撒谎者的整个身体，就可以大大地提高识破谎言的成功率。对此，心理学家表示这个结果将会解释为什么许多成功人士只有坐在整体的办公桌后面才感觉舒适，那是由于办公桌可以隐藏他们身体的下半部分。假如是玻璃桌面也会给我们造成很大的压力，因为透明的玻璃会让我们的腿部一览无余，以致我们无法完全掌控自己的身体。所以，女性朋友们，假如你实在猜不透对方是否在欺骗你，那不妨低头看看他的双脚。

3. 双腿交叉

有的人习惯在坐下之后将双腿交叉，这表示他看起来很冷吗？假如有人对此提出质疑，那对方会否认双腿交叉是因为戒备心理或是缺乏安全感，他们这样做只是因为身体感到寒冷。不过，假如我们想要抵御寒冷，可以将手塞到腋窝底下，而不是双腿交叉。假如一个人真的觉得寒冷，他或许会选择双腿交叉，不过一般在寒冷的天气里，交叉的双腿会保持僵直的姿势，而且总是紧紧地贴在一起，不会像出于戒备心理时的双腿交叉那样。

心理学家告诉女性朋友们，那些习惯双腿交叉的人，总是将这个姿势归因寒冷，而不愿意承认自己在动作背后隐藏的紧张、焦虑或是戒备心理。通常他们还会认为这个姿势是极其舒服的，这个感觉确实是真实的，因为当一个人缺乏安全感、产生戒备心理时，交叉的双腿会让他感觉舒服，这样的动作与其内心的情绪是相吻合的。

4. 谈判中双腿交叉的坐姿

在日常谈判中，有的人坐着的时候习惯把一条腿轻轻地放置在另一条腿上，假如对方在坐着的时候双腿和双臂都保持交叉的姿势，他就会倾向于使用简洁的句子，而且不是很愿意接受别人提出的意见，对其他谈判人员所讨论的细节问题会尤其关心。相反，那些坐姿开放的人就会显得积极投入很多。行为心理学家认为，大约有百分之七十的人在做这个动作的时候，是将左腿放置在右腿上。

5. 脚踝相扣

心理学家认为，许多人会下意识地做出脚踝相扣的动作。不过，不同性别的人在做这个动作时也会有所差别。比如，男性在做脚踝相扣的动作时，双手通常会紧握拳头并放置在膝盖上，或者紧紧抓住椅子的扶手，同时还会摆出展示胯部的姿势；而女性脚踝相扣时，身体姿态是略有差别的：她们会将双膝并拢，两只脚置于身体同一侧，双手并排或交叠着轻轻放在位于上方的那条腿上。仅仅是同一个动作——脚踝相扣，男性则习惯敞开双膝，女性则尽可能并拢双膝，减少两腿之间的缝隙。

行为心理学家认为，当谈话对象做出脚踝相扣的动作时，其内心便会产生紧张情绪。这个肢体动作表示出他正在努力抑制某种消极情绪，同时也缺乏把握或者充满担忧，彼此相扣的双脚往往会悄悄地挪到椅子下面，而他们表现出来的就是沉默寡言的态度。对此，心理学家分析，假如一个人对交谈十分投入，他的双脚也一定会自然地伸向前方。

心理启示

行为心理学家告诉女性朋友们，当一个人在与你交谈的时候，双臂和双腿都做出互相交叉的姿势，这表示他的心绪已经游移于你们的交谈之外，这时你想让他对你的意见表示信服，是不太容易的。

第4章

眼部信号：解读藏在眼睛里的秘密

孔子说：“存乎人者，莫良于眸子。”意思是说，想要观察一个人，就要从观察他的眼睛开始。因为眼睛是心灵的窗户，在每个人的眼睛里都隐藏着内心的许多秘密，要想在最短的时间内看破对方心理，不妨先从对方眼部信号来解读对方。

从眼睛看一个人的个性

心理学家告诉女性朋友们：胸怀坦荡的人，眼睛明澈、坦诚；心胸狭窄之人，眼神狡黠、隐晦。目光执着的人，为人正直；目光浮动的人，为人轻浮。目光暴露，表明此人贪婪；目光内敛，表明此人自私。在生活中，自信的人，目光坚毅、深邃；内心自卑的人，目光迷离、阴暗。总之，从一个人的眼睛可以看出其个性。古人曰：“胸中不正，则眸子眉焉。”眼睛不明亮的人，其心也难测。眼睛，是顺应宇宙中日月星辰而生，这在相学上有其重要意义。自古以来，文学家都会通过眼睛的描写来刻画一个人内心的个性，所遵循的就是这个道理。

通过眼睛可以看出一个人的喜怒哀乐：兴奋的时候，眼睛会放射出炽热的光芒；沮丧的时候，眼睛会显得暗淡无神；愤怒的时候，眼睛会喷出怒火；快乐的时候，就连眼睛也是愉悦的；悲伤的时候，眼睛半开半闭，无精打采。不仅如此，通过眼睛还可以看出一个人的个性来，如一个人是温和还是易怒，是冷淡还是热情。一个人若是拥有温和的个性，他的眼睛会显露出一些特点：眼睛修长，散发着慈爱的光芒；适度清澈；两眼水平排列，眼球不凸出，也不深陷；黑白分明，瞳孔大而亮丽，黑眼珠在上下睑中间。

于连是小说《红与黑》中的主角，在小说中，有一段对于连的肖像描写，其中，对于于连的眼睛是这样描写的：“两眼又大又黑，在宁静的时候，会射出火一般的光辉，又好像熟思和探寻的样子，但是在一瞬间，他的眼睛又流露出可怕的仇恨的表情。”短短几句话的描写，可从中窥探于连是一个亦正亦邪的人物，其内心的矛盾，展现得可谓是淋漓尽致。

看眼睛知个性，那么，我们该如何通过眼睛看人识人呢？一是看看眼睛的大小：一般而言，眼睛大的人，个性比较明朗，感受力强；眼睛小的人，个性阴险，感受力弱。二是看目光是否柔和：目光柔和的人，感情深浓；目光凶狠的人，意志力强，但为人狠毒。三是看眼珠转动的快慢：眼珠转得比较快的人，有人情味，但是，很容易受到别人的影响；眼珠转动较慢的人，总是以自我为中心；四是看两眼的排列：眼睛修长的人，思虑深，直觉性强，容易冲动；两眼排列水平的人，性格坦率，生活安定。

心理启示

心理学家告诉女性朋友们，眼睛是人身上最重要的器官之一，从眼睛可以看出一个人在气质、个性等方面的特质。因此，拥有一双顾盼生辉的眼睛，对每个人来说都是一笔宝贵的财富。我们常说“眼睛是心灵的窗户”，殊不知，眼神则是观察一个人心理活动的窗口。观察一个人的眼睛，从而了解一个人，这是人际交往的基本功之一。

视线里的微妙心理

在沟通中，双方通常面对面地谈话，那么，不可避免地，彼此会有视线的交流与接触。相信，在语言交流中，没有面对面谈话时却完全不看对方眼睛的人。当然，若是一直看着对方的眼睛说话，这也是不太正常的。一般而言，在西方，人们会一直盯着对方的眼睛说话。但对于一向传统内敛的中国人来说，大多数人在交谈的时候，时而四目相对，时而转移视线。在交谈过程中，双方都会去注意配合对方的气息，许多人都是下意识的动作，而且，两个人的视线会相碰，偶尔也会躲闪。比如，当对手所说的话启发自己很想表达与之一致或不一致的观点与意见时，便会直视对手的眼睛。对于他人所说的话，不管自己是同意还是反对，如果觉得很有必要将信息传达给对方，那么，一般都是通过视线来传达。如此看来，在沟通过程中，对手的视线其实隐藏其道不出的微妙心理。

谈判桌上，双方谈判已经进入最后阶段，但却因交货的时间点无法明确而讨论未果。李小姐直视着对手的眼睛，说道："基于我们公司目前的状况，必须在第四季度全部交货，这样才能保证我们公司的正常营运。"对手的视线马上移开了，似乎在思考该怎样回应这个问题。不一会儿，他抬头看了李小姐一眼，马上又移开了视线，说道："李小姐，我知道你们公司的状况，可是，要求在第四季度交货，确实有些困难。"说完，视线自下而上，与李小姐视线交汇，继续说："我希望李小姐能够再宽限一些日子，这样的话，我们会加班加点，如期交货。"

李小姐意识到对手想拖延交货的日期，但又不想失去这笔业务。她在了解了对手如此微妙的心理之后，于是直视谈判对手，做了最后的警告："从目前情况来看，你们在第四季度交货确实存在一些困难，但如果你们不能按时交货，我们工厂的部分车间就会停工待料，造成生产上的损失。这样，我们不得不放弃与你们交易的计划。"对手低下了头，一会儿，迎头接上了李小姐的视线，咬牙说："好，在第四季度，我们会如期交货。"

在几番视线的躲闪与接触中，李小姐识破了对手的微妙心理：很想拖延交货日期，同时，又不想失去这笔交易。而后者才是谈判的重点，于是，李小姐毫不妥协，坚持在第四季度交货。果然，两次催促下来，对手不得不答应李小姐提出的要求。

1. 完全避开的视线

有的人在说话时会将自己的视线完全避开，不敢直视对方。他们大多是心虚之人，有可能在过去的谈判经历中遇到了一些事情，使得他不敢面对比自己更正派的人。但是，偶尔，他也会主动迎上对方的视线，这表明其内心正在挣扎，心中隐藏了一些东西，但是，又很想证明自己问心无愧。

2. 直盯对方的眼睛

心理学家认为，有的人在说话时直盯对方的眼睛，不躲，也不避。这样的人通常自信心很强，可以说他们有些任意妄为。他们希望自己的表现能给人留下自信的印象，实际上，他们对自己并不那么自信。当然，如果两个人总是直视对方，那么，谈话的气氛很容易陷入难堪境地。因此，他们大多会在视线接触后不久就转移自己的视线。

3. 紧迫逼人的视线

有的人在看着对方的眼睛时并不是温和的，而是紧迫逼人的。这样的人内心有些自卑，总感觉自己比别人差。但是，他们自己却没有意识到这一点，他们总是固执地认为自己是正确的，在表达自己观点的时候，他们会紧迫逼人地看着对方的眼睛，好像在说“我说的是正确的吧！”而如此的视线会令身边的人闭上嘴巴，同时，还会感受到一种威逼的力量。

心理启示

心理学家告诉女性朋友们：视线就是跳动的眼神，眼神流转，其实就是视线在动。在谈判中，我们经常会看到对手直视的视线以及全避开的视线。对此，完全可以根据对方的视线而来揣测其真实心理，从而达到谈判的最终目的。

眼角眉梢尽是“情”

我们经常评价一个女人：“眼角眉梢尽是情。”似乎，即使眼睛、眉毛不会说话，但那一挑动、一扬眉，却尽是风情。眼低垂，眼帘里尽是幽怨；眉梢处，多了几许忧愁。在生活中，不一定要通过与对方交谈才能洞悉其内心世界，观察对方眼角眉梢的一举一动也是一个好方法。许多人能在初次见面就把对方的心理揣摩得八九不离十，这是为什么呢？其实，他们就是捕捉到了对方眼角眉梢处的风情，善于抓住那些小细节。心理学家认为，眼眉动，则心境变；眼眉动态丰富，则思绪万千。正所谓“眼角眉梢总传情”，我们通过其眼眉的细微变化来了解对方的真实意图。

以眼眉来识人，或许，许多女人听后会觉得这很可笑，其实，这是有一定历史根据的。很早以前，就有人以眉鉴人，曾国藩在日记中记载了一些以眉鉴人的事例，如“廖世霖，衡阳人……充哨长，鼻梁直，腰身正，在家小贸营生，头发、眉毛有浊气”、“萧党谦，武人而有儒雅气，身段稳称，鼻正眉疏，似有用之才”。察眉，需要看眉彩和眉形，眉毛光亮而有色泽，这是精力充沛的标志。所以，年轻人的眉毛大多显得光亮鲜艳，而老年人的眉毛则显得干枯无神。有了以眉鉴人的历史依据，我们再来讨论眼眉识人，就显得科学多了。

狐狸在躲避猎人时，看见一个伐木人，于是请求伐木人把自己藏起来。伐木人叫狐狸到他的茅屋里去躲避。不久，猎人赶到了，问伐木人看见狐狸没有。伐木人一面嘴里说：“没看见。”一面挤眉弄眼地使眼色，暗示狐狸藏在什么地方。但是，猎人没有留意到他的眼色，却相信了他的话。

狐狸见猎人走了，便从茅屋里出来，不打招呼就要走。伐木人责备狐狸：“因为我，你保全了性命，你却连一点谢意都不表示。”狐狸回答说：“假如你的表情和你的语言是一致的，我就该感谢你了。”

本来，伐木人一边嘴里说：“没看见。”一边挤眉弄眼地使眼色，向猎人暗示狐狸藏在什么地方。然而，这样的细微表情却被猎人忽视了，而被藏在暗处的狐狸看见了。狐狸不受表面的迷惑，通过对伐木人表情的观察，识破了他的真实内心。有时候，人们的内心与语言并不一致，虽然我们并未察觉，但却可以通过观察对方眼角眉梢的细微表情来窥探一二。

心理学家认为，眼角眉梢不同的动态表示不同的含义，下面，我们就将其中比较常见的动态列举如下。

1. 眉梢的表情

有的人眉毛上下活动迅速，这表示当事人心情愉悦，内心舒畅，或者他们对你的观点表示赞同。有的人会紧锁眉头，一副深仇哭恨的样子，这表明当事人内心极度忧虑或犹豫不决。有的人眉毛倒竖、眼角不拉，这表明对方极端生气或十分懊恼，或许有人欺骗了他，或许有人背叛了他。

2. 眉毛上下不平衡

眉毛上下不平衡，包括眉毛降低和眉毛完全放下。其中，眉毛呈降低的状态，表示当事人不理解，他对你的举动表示疑惑；眉毛完全放下的人，则表示其十分生气，他或许已经到了怒不可恕的程度，此时千万不要惹火他。

3. 闪眉

有的人在说话时眉毛闪动，先是眉毛上扬，眼角处显现细纹，表示一种友善。男女朋友在见面的时候，往往会出现这样的动作，甚至，还会伴随着扬头微笑或拥抱。如果在人际交往中，对方的眉毛也出现闪动的情况，则是他在强调自己所说的话，其表示："你最好记住我所说的每一个字。"

4. 耸眉

有的人眉毛先扬起，停留片刻后开始下降，这时，他们的眼角还会刻意地闪动，而嘴角也会迅速地一撇，这表示一种不愉快的惊奇或者无可奈何。不过，当人们强调自己的观点时，也会做出这样的动作，目的就是希望他人赞同自己的观点。

心理启示

心理学家告诉女性朋友们，眉梢虽然只是人面部的一个细微部分，甚至，有的人眼角眉梢动作并不明显，但其表达的信息却异常丰富。它的一动一静无形中透露了当事人的心境，如果我们想把握对方内心的真实想法，就不应该错过对方脸上的任何闪动，哪怕是眼角眉梢处的细微表情。

判断对方眼神，了解其心理

我们常说："眼睛是心灵的窗户。"在交际场所，识别一种无声语言更重要，那就是眼神。在日常生活中，人与人之间的眼神交流，更能无声地传达出彼此的关系如何、默契如何。心理学家认为，眼睛是一个人心灵的窗户，眼神则能传达出一个人的心理，比如，一个人在表达反感或仇恨的时候，其瞳孔会缩小，还会透露出刺人的目光；反之，一个人对某件事情怀有极大的兴趣，则会睁大眼睛，以此表示赞同和好感。女性朋友们，要想轻松了解他人心理，就要学会判断对方的眼神。即使位高权重的人，他们也有平常人的喜怒哀乐，他们的眼神所传达的意思不可能与平常人相去甚远，只不过，由于身份或地位不同，他们的眼神会有一些特别的含义。聪明的女人应该学会判断对方的眼神，进而轻松了解他人的心理。

去年年底，由于业务量增大，职员们的工作任务十分繁重，小倩也毫不例外。

有一天早上，老总突然召集大家开会。办公室里，老总对每一个进门的人都点头示意，唯独小倩进门的时候，老总却将头扭向一边。小倩暗叫不妙，心想老总对我有成见了。果然，会议上，老总提出一两个问题之后就保持沉默，致使大家都紧张兮兮。半个小时后，老总才将目光尖锐地扫在小倩脸上，说道："我对小倩提出严厉批评，你知道吗？你昨天的品牌策划书竟连人家公司的名字都写错了，今天对方发传真过来了，说对我们的能力表示怀疑。"此时小倩终于明白，为什么自己在进门时老总扭头没看自己。

在这里，从一个人的眼神中除了能看出上司与下属、权力与依赖的关系，还能看出更多的东西。上司在说话的时候，眼神不看你，这可是一个坏迹象。他看都不看你一眼说明他想用不重视来惩罚你，同时说明他不想评价你。

俗话说得好："爬上窗台就不难看清屋中的情形，读懂人的眼神便可知晓人们的内心状况。"心理学家分析，下属习惯揣摩上司的心理，除了要摸透上司的真实意图，希望做好工作之外，还有一个原因就是不自信和缺乏与上司沟通的能力，所以，他们对上司的心理总是猜不透。其实，如果你能读懂上司的眼神，就不难读懂其心理。

那么，女性朋友们如何才能读懂对方的眼神呢？

1. 眼神所代表的含义

心理学家认为，如果对方友好地看着你，甚至，不时地眨眨眼睛，则表示他对你这次的行为评价较高，或者请求你原谅他的过错；如果他在说话的时候，从上到下打量你，则表明他占据优势地位，拥有支配的权力；如果他用锐利的眼光盯着你，则表示他内心并不相信你，希望你能说真话；假如他说话的同时目光却看向其他地方，则表示他不想与你继续交谈，想尽早结束谈话。如果对方闭上眼睛或者根本不看你，则有两种可能：一是他不想评价你，想用不重视来惩罚你；二是他对此感到心烦或厌倦。

2. 领悟眼神背后的潜台词

心理学家认为，有时候，对方的眼神加上语言表达，有可能所表达的是另一种意思。比如，上司经常会说“你看着办”，这时，如果你仔细观察他的眼神，就会发现，这句话根本不简单。如果上司流露出的是喜悦的眼神，潜台词则是“你的想法不错，看情况自己把握就行了”；如果上司流露出的是愤怒的眼神，潜台词则是“上次的事情就没办法，这次可不要马虎大意，按照我的要求去办”；如果上司流露出的是悲哀的眼神，潜台词则是“反正没什么希望了，你想怎么办就怎么办吧”。

心理启示

在交际场合中，与他人保持眼神接触，并对其眼神进行解读是很有必要的。眼神是运用眼睛的神态来表达情感、传递信息的无声语言。在面部表情中，它是最具生动、最复杂的一种表情。一般而言，在面对面的沟通中，眼神接触通常占全部时间的50%~75%，它的作用不亚于声音。因此，身处交际场合的女性朋友，必须领会对方眼神的含义，如果我们能读懂对方的眼神，也就了解了其心理。

视觉刺激，让其展现真性情

我们常说：“眼睛是心灵的窗户。”在所有的面部器官中，眼睛是离心脏最近的地方，它将所看到的人和事以最快的速度传递给大脑，然后面部表情会出现相应的变化。此外，在平时的表情呈现中，如果我们能从细枝末节中看出一个人的表情与心理是相悖的，那首先出卖他的就是他的眼睛。因此，在面部表情中，眼睛是至关重要的。基于这样的观点，我们是否可以理解为，当某个人在隐藏其真表情的时候，我们可以给予对方强烈的视觉冲击，如此可以迫使其展现出真实的表情。

对于这个观点的诠释，在许多刑侦电视剧或电影中，屡见不鲜。诸如，一个犯罪嫌疑人刚开始挺嘴硬，一副打死也不说的表情，因为他知道这不过是警察对自己的威逼利诱，只要自己保持正常的表情，不露出一丝破绽就行了。但是，往往到最后，让他们开口说真话、露出真表情的是那些证据。当警察带领他们去一个地方，见了某个共犯，或到了凶案现场，他们马上会露出一种视死如归的表情，因为他们知道，自己即使再隐瞒，也避免不了案情的水落石出。最后，在这些视觉冲击之下，他全部招了，案子成功告破。

当第一次听说自己年轻时送走的孩子正在寻找自己，王女士脸色很正常，嘴里说：“我抛弃了他，他还来找我干什么？”旁人问：“如果他真的寻来了，你会认他吗？”王女士摇摇头：“我有我的家庭，他有他的生活，还是不相认才好。”但转过身，王女士就忍不住悲从心来，她悄悄抹去了眼角流下的泪水。当初送走孩子，实属无奈，但这么多年，她无时无刻不牵挂那个曾被自己遗弃的孩子，担心他吃得好吗？穿得暖吗？过得开心吗？

王女士继续过着正常的生活，她看上去没有一点情绪波动。但当一个英俊的少年拦住正要去超市的自己，开口就喊："妈妈，我终于找到你了。"王女士一下子崩溃了，她再也无法装出一副若无其事的表情了。她的手提袋一下子掉在地上，嘴里喊道："孩子，孩子，是你吗？"母子相拥，痛哭不已。

不管王女士当初为何抛弃了自己的孩子，但是她内心深处对孩子的挂念是无法改变的，毕竟血浓于水。虽然，面对旁人的追问，她总是掩盖自己的真实表情，以此让别人认为她是一个狠心的母亲。但当那个孩子真的出现在自己面前时，她再也无法掩饰自己真实的感情了。不管是拥抱，还是泪水，都体现了王女士对儿子深沉的爱。

心理启示

心理学家认为，在生活中，当我们发现某个人其实在欺骗我们，如果我们想知道其真实的心理以及表情，就需要找一个可以刺激其心理的人和事，然后创造出一个场景，让其置身于这个场景，那么，再多的掩饰也会消失。在强烈的视觉冲击之下，他只会被逼露出自己的真实表情，而这正是我们所希望看到的。

眼神中隐藏的谎言

我们通常认为只有嘴巴才可以说话，才可以表达出感情，其实，眼神也同样可以。甚至有人说，人的眼睛比嘴巴更会说话，这是由于人的眼睛的无声语言和精神的作用具有一定的联系性。眼神同样可以传达出一个人内心的感情和态度，你可以表示专注，也可以表示信任，也可以表示拒绝，等等。而且，眼睛所表达出来的感情是来自心灵的最深处，是没有任何办法来加以矫饰的。所以，我们可以通过对方所表露出来的眼神来辨别他说的是否是真心话。

心理学家认为，如果我们仔细观察每一个人的眼神，就会发现那些善于说谎的人，往往漏洞百出，而他们的眼神常常会出卖他们的想法。很多情况下，眨眼的频率、眼珠的转动、视觉的变换等都能够表达其一定的心理内容。一般来说，大凡说谎者在撒谎时，眼神会透露出谎言的秘密，具体表现为眼神闪烁不定、目光四处游离、不敢与你直接接触而是会向右上方看。

1. 眼神闪烁不定

很多人在说话的时候，使劲地眨眼，眼神闪烁不定，其实这并不是他们的眼里进了灰尘或者天生有什么疾病。一般来说，人们集中思考问题时很少眨眼，这是由于从大脑提取信息的过程需要受视觉的影响。而如果一个人眨眼频繁，甚至眼神出现闪烁，那么只能证明他的思维并没有活动，只是用事先找好的借口来搪塞你的问题。当然，也有的人在面对你的提问时会不由自主地恐慌，嘴里说着谎言，却不知道该看哪里，于是就导致了眼神闪烁不定。

2. 目光四处游离

人的眼睛是受大脑交叉支配的。人的大脑分为左右两个半脑，左半脑处理空间、形象和整体等信息；右半脑处理语言、数学和理性的信息。绝大多数人在思考问题时会朝着一个方向移动自己的目光，也就是说，说话者在思考问题时只习惯目光左移还是右移，而不可能四处游离。通常来说，那些目光四处游离的人，通常内心隐藏一些秘密，他们借助四处游离的目光来掩盖自己的谎言，企图蒙混过关。如果你向对方问一个不用思考的问题时，他也移动自己的目光，那十有八九说明他不想轻易地说出这一问题的答案，或者说他想撒谎。

3. 不敢与你进行眼神接触

眼睛其实就是泄露人们内心秘密的元凶，正常情况下，人们互相交谈时，会保持目光接触，并且敢于正视对方的眼睛，这才表明双方都不回避问题，都是坦诚相对的，没有什么可隐瞒的。而有的人在交谈时会企图逃避对方正视的目光，这其实就是害怕隐藏于内心深处的秘密被人看穿，而他们在说谎时还会用揉眼睛来掩饰自己。

当然，人们通过日积月累的观察，就会发现那些说话者是从来不看你的眼睛的。而说谎者本人也知晓这个道理，那些比较高明的说谎者就会避开这个雷区，他们会更加专注地盯着你的眼睛，并且瞳孔开始膨胀。实际上，说谎者在注视你的时候，因为注意力过于集中，他们的眼球会干燥，这让他们更多地眨眼，这也是一个致命的信息泄露。

心理启示

心理学家告诉女性朋友们：如果我们在生活中细心观察，就会发现那些善于说谎的人总是通过其眼神泄露出一些谎言的秘密。而我们洞察对方心理的最佳办法就是，在交谈时，细心而又不动声色地观察对方的眼神，你就会发现其中隐藏的很多秘密。

眼神闪烁不定，往往隐藏着秘密

在生活中，我们经常会发现身边时常有这样一群人，他们总是四处张望，眼神就像流水般游移不定。当我们与之交谈的时候，他的眼神闪烁不定，不直接与我们的眼神接触，而是四处张望。可能我们不能从他的言辞和面部表情中发现什么，但是他那闪烁不定的眼神却带给我们一种奇怪的感觉。实际上，眼神闪烁不定往往隐藏一些信息。这种眼神的背后，一般都暗藏着小算盘。而拥有这种眼神的人，往往工于心计、城府较深。

心理学家认为，有的人在说话时，眼神总是闪烁不定，其实这表现其精神的不稳定。据一些法律资料显示，犯罪者在坦承罪状之前一般都会有这样的状态。他们眼神四处游移，目光闪烁不定，总是回避询问者的视线，这大概是由于心中藏有某事或有所愧疚所导致的。一般来说，人们游移的眼神传达的信息大致有两种：一种是聪明但不行正道，一种是心藏奸恶、又怕别人窥探。前一种眼神大多是品德欠高尚、行为欠端正的表现，后一种眼神则大多是内藏奸诈、深藏不露的表现。

那些眼神总是闪烁不定的人往往隐藏了一些信息，那么，他们的眼神背后到底隐藏了什么秘密呢？心理学家将为我们一一解开这其中的秘密：

1. 担心自己内心的想法被人看穿

有的人在说话的时候，总是目光游移，眼神闪烁，可能是由于内心有些想法不想被人看穿。有可能他们正处于困难的境地或者心里有什么隐秘的事情不想让你知道，所以他们害怕和你眼神接触的时候，心中的那些秘密被你看穿。

2. 可能正在打什么坏主意或正想欺骗你

心理学家分析，有人习惯用眼神飘忽不定来掩饰自己内心的奸恶，他们在与你交谈的时候，可能正在打什么坏主意，也可能正想欺骗你。这一类型的人大多工于心计，他们眼神闪烁不定，其实心里暗暗算计，打着小算盘。如果你此时细心地留意他的措辞，你就会发现他说的话前后矛盾。与这样的人打交道时，就要格外细心，小心上当受骗。

3. 内心自卑的表现

有的人与对方直接接触时，一会儿看看自己的鞋子，一会儿看看天花板，一会儿看看窗外，眼神闪烁不定。心理学家认为，他们之所以有这样的表现，可能是因为内心自卑，他们害怕自己与他人目光直接接触，被他人看不起。于是，他们以目光四处游离来掩盖自己内心的自卑情绪，这样的人大多十分内向，不喜欢自我表现，但是他们倒没有什么坏主意，完全是一种自卑的表现。

4. 代表其他含义

当然，如果他是与你关系比较亲密的异性，那么他游移的眼神可能还代表其他含义，或许他在犹豫，也或许他心里慌张。这个时候，你不妨制造一点小幽默，或者自我解嘲一番，以缓解两人之间的谈话气氛，让双方心理都保持放松，从而有利于感情的交流。

心理启示

在此，提醒各位女性朋友们，当我们跟某个人说话时，看到他目光游移，眼神闪烁不定，就需格外小心了。对方眼神闪烁不定是因为其内心正担忧某件事，而无法真正坦白地说出来，也可能他正打什么坏主意，或正想欺骗你。跟这样的人打交道时，我们需要格外小心，以免上当。

总而言之，那些眼神闪烁不定的人大多心里隐藏一些秘密。我们在日常生活中，要学会仔细观察，透过表面现象而辨清对方的伪与诈。

第5章

手的秘密：手是大脑最配合的执行者

心理学家认为，人说话时手部都会做点小动作，而这些小动作可以泄露你的心理秘密。人的大脑皮层除了控制面部动作以外，绝大部分就是用来控制手部动作。比如，当有人说“捏一把汗”时，紧张的情绪不但表现在脸上，而且还会显现在手中，甚至，“手的表情”比“脸的表情”表现得更真实。

手势小动作隐藏着对你的意见

现代心理学研究证明，一个人不经意间表现出来的手势小动作能够反映出一个人对别人所抱持的态度或者意见。在很多时候，每一个人的手势小动作都隐藏其内心的真实想法。女性朋友在与他人相处的时候，我们可以通过观察对方的一些手势小动作来揣测他们对自己的看法。

每个人都有心情不好的时候，特别是由于别人导致的，他会表现得更突出，从而表现出烦躁不安。这些情绪除了通过面部表情及口头语言表现以外，还通过一些手势小动作显现出来。

下面心理学家就介绍几种人们常见的小动作。

1. 习惯用手拢头发的人

有的人喜欢用指尖拢头发、轻搔面部，或者把食指放在嘴唇上。心理学家分析认为，他们这一类人性格比较开朗、乐观，虽然在面对生活或工作中的困难时也会表现出失望、沮丧，但是他们能在最短的时间内调整好自己的心态，坦然面对一切，并致力于寻找解决问题的办法。

女性朋友们，如果有人在你面前做出这样的小动作，则表明他对你的谈话没有多大的兴趣，显得左顾右盼，漫不经心。他们或许正在思考自己的问题，并且认为你在打扰他，但他们会碍于情面而不表露出来。

2. 习惯用手抚摸下巴的人

有的人习惯用手抚摸下巴或者抓着下巴。心理学家认为，做出这样小动作的人大多比较世故圆滑，城府较深。他们这样做只是想让自己镇静下来，克制自己内心的不满情绪，以免因冲动做出什么举动，同时，他们也在思考下一步的对策。

3. 喜欢两手互相摩擦的人

有的人习惯两手不停地摩擦。心理学家认为，这一类型的人对自己充满信心，喜欢挑战自我，并且在成功的路上敢于承担一定的风险。一旦他们决定去做某件事情的时候，就会一直坚持下去，而不会轻易改变主意和行动方向，所以，他们在某些时候显得比较固执，通常就是他们烦躁不安、心情郁闷的时候。

女性朋友们，当你在交际场合中与他人相处的时候，学会通过对方的一些手势小动作透析其心里的真实想法，进而有效地掌控对方的心理，以使轻松自如，游刃有余。

心理启示

通过一些心理实验表明，如果你与一个你很讨厌的人在一起，只会出现两种相对的反应。要么显得太随便，根本不在乎对方的想法；要么显得太拘谨，看起来无所适从，甚至都不知道把手放在哪里。而通过这些不同的反应，正好可以揣测出他人对我们的看法。

女人要知道的握手的秘密

心理学家告诉女性朋友，握手，这一见面礼，形式虽然简单，但每一个人握手的方式都是不尽相同的，一个人与人握手时所采用的方式，能够反映其个性。握手，是一种礼仪，它是人与人之间的一种交流方式。在握手的一刹那，只要你用心揣摩，就能感受到对方通过手掌传递的信息，从而感知对方的个性。说到握手，就不得不说一下手，俗话说：“十指连心。”从中医的角度来看，手掌是一个人全身各处器官的反射区，包括人的心脏。如此看来，握手就相当于一次心灵的交流，当两个人的手紧紧地握在一起时，它所传递的不仅仅是问候，更是一种试探。

阿敏是一位业务员，经常与客户沟通交流，洽谈一些商务事宜。在平日里，阿敏喜欢一个人琢磨心理学，前不久，她听说能够通过握手来感知对方的个性，对此，她兴趣浓厚。阅读了相关书籍，又经过了一番实战演练，她觉得到施展一下的时候了。

恰巧，由于工作的缘故，这两天她需要与一位客户洽谈业务。刚见面，阿敏就伸出了右手，在握手的一刹那，阿敏感到对方手劲比较大，像老虎钳子一样，把自己的手夹得很疼。阿敏联想到所学的心理学知识，意识到这位客户的控制欲很强，不喜欢别人反驳，与这样的人打交道最好不要得罪他，否则，肯定有苦头吃。

这样一想，阿敏觉得不能与这样的客户硬碰硬。于是，当客户谈话的时候，阿敏微笑地看着他，只专注地听着，不打扰，也不插嘴。当轮到自己说话的时候，尽量保持温婉，给足了对方面子。客户看阿敏态度谦和，很是满意，没怎么犹豫就签下了合同。

阿敏深谙心理学知识，仅通过握手这样的小小举动就识破了客户的个性特点。于是，在正式谈判的时候，她尽量避开客户的锋芒，以柔克刚，果然，此举很有效。在熟悉了对方的个性后，投其所好，收到了最佳的效果。

心理学家认为，握手这一礼节中隐藏的秘密，主要取决于握手的动作。在平日生活中，因握手动作的不同，我们可以分为：无力型、大力型、适中型、夸张型、保守型等。那么，不同的握手动作会表现什么样的个性呢?

1. 领导型

有的人在握手前先和你对视片刻，在握手的过程中，故意翻转手腕，企图将自己的手掌压在对方之上。心理学家认为，这样的人具有较强的统治欲，他们希望通过握手在心理上压倒对方。

2. 稳健型

有的人在握手时，力度合适，动作稳健，双眼会注视对方。心理学家认为，这样的人个性坦率、坚毅，比较可靠。遇事能负责，思维缜密，常常能提出中肯的意见。在遇到困难的时候，总是能够想到解决的办法，深受欢迎。

3. 夸张型

有的人在握手时故意做出很夸张的动作，握着对方的手不停地摇晃，表现得十分热情。心理学家认为，这样的人最虚伪，喜欢做表面文章，平日里常常吹捧自己，出尽风头，希望给人留下热情、亲切的印象，但是往往适得其反。

4. 力大无比型

有的人握手力大无比，似乎想将对方的手捏碎一般。心理学家认为，这样的人有较强的控制欲，喜欢按照自己的意愿办事，希望所有的人都服从他。如果有人反对他，他就将对方视为仇人。

5. 软弱无力型

有的人在握手时软弱无力，没有半点力度。心理学家认为，这样的人缺乏自信心，比较自卑。对于事先计划好的事情，常常犹豫不决，还会打退堂鼓。个性悲观，缺乏积极性，做事很不负责任。

心理启示

心理学家提醒各位女性朋友们，在日常交际中，有的人会通过握手来窥探你的底细，有的人会在握手时向你施加压力，当然，这其中隐含的信息是很微妙的，如果你不用心感受，是无法感知对方内心的秘密的。所以，在交际中，我们应该熟知一些心理学知识，并学以致用，通过握手来感知对方的个性。

说话时的手势体现其个性

在日常交际中，说话是必不可少的一项任务，而伴随一个人说话的还有一系列手势。手势，就是指用手指、手掌、手臂的活动来表达情感，传递信息。通常情况下，人们在说话时都会附带一些手势，一方面可以强调和解释语言所传达的信息；另一方面适当的手势可以使讲话的内容更丰富、形象、生动。对此，有人说："手势是口语表达的第二语言。"由于手势语是肢体语言的重要组成部分，因此，通过一个人在说话时所使用的手势，可以窥其真实的个性。这是因为手势语是其在讲话过程中常用的一种动作语言，一举一动均是其真实个性的自然流露。对此，心理学家认为，不同的手势反映了人们不同的心理活动，在某种程度上可以读出对方的真实个性。

某位英国记者在整理多张欧美首脑照片的时候，发现了一个奇怪的现象：从奥巴马、希拉里到卡梅伦、萨科齐总统，他们在讲话时都会摆出同一个姿势：伸出手臂，并用手指指向天空。尽管在很多时候，天空中其实什么东西也没有。

原来，奥巴马在访问英国的时候，交谈期间，英国首相布朗和保守党领袖卡梅伦都不约而同地伸出了手指；希拉里在多次民主党总统候选人拉票集会期间，对民众讲话的时候，她也伸出了手指；德国女总理默克尔和法国总统萨科齐在欧盟会议上，两人均伸出手指，眺望远方。

对此，心理学家这样分析：欧美领导之所以在讲话时伸出手指指向天空，是因为在他们的潜意识里，希望让自己看上去更具有领袖的气质，不想被民众认为自己是一个多余的人。英国心理学家马丁·斯金纳博士这样说道："首脑和那些即将成为首脑的人，都希望自己看上去像是一位真正的领导者。于是，在讲话的时候，他们在潜意识中试图摆出类似雕像的姿势。很显然，抬起手臂、昂起头的姿势无疑比光站着讲话更有活力，而眼睛向前望去，使他们看上去更有远见。"

下面，心理学家为我们一一分析隐藏在常见讲话手势之外的一个人的个性。

1. 习惯摸嘴巴

有的人在讲话时习惯摸自己的嘴巴，但是，这种手势很细微，如果你不仔细观察，根本发现不了。心理学家认为，这样的人性格内向，容易害羞，他们常常用语言来表达自己的真心，不过，却很容易被人误会。另外，若经常出现这个动作，则表明其最近压力很大。

2. 不自觉地举起自己的手掌

有的人在讲话时习惯举起自己的手，试图在强调某个重点。心理学家认为，这样的人思想开放，热衷于社交。但是，在生活中，经常会犯喋喋不休的毛病，比如，有的人仅仅犯了一个小错误，他可能会唠叨半天。喜欢表现自己，由于其情感善变，因此，你很容易与之亲近，但同时，你也很容易被他所讨厌。对于这样的人，需要小心相处，稍有不慎，你就有可能变成那个令他讨厌的人。

3. 两手握在一起

有的人在讲话时习惯将两只手握在一起，或许是很少在公众场合讲话，以此手势表现出其内心的紧张。心理学家认为，这样的人大多容易紧张，如果他是认真地与你谈话，那么，潜意识里，他就会做出这样的手势。他们大多个性敏感而多疑，在作决定时常常陷入犹豫不决的状态，因而错过了许多良机。

心理启示

在日常交际中，人们说话时的手势也是各种各样。有的人在说话时总是不自觉地举起自己的手掌，试图让下面的听众都能看到；有的人在讲话时会习惯地摸自己的嘴巴；有的人在讲话时则不时地抚摸自己的头发；有的人在讲话时两手时而分开，时而又握在一起，在讲话过程中一直重复这样的动作。如此不同的手势，直接体现了人们不同的个性。

对方的某个手势暴露其潜意识

弗洛伊德指出：“潜意识是潜藏在我们一般意识下的一股神秘力量，是相对于‘意识’的一种思想。”其实，每个人的体内都隐藏着一股神秘的力量，那就是潜意识。令人奇怪的是，许多人并不知道，或者说并不了解自己的潜意识思想。不过，心理学家认为，我们倒可以通过其在日常生活中的体态举止来洞悉对方的潜意识，从而达到摸清对方真实心理的目的。在日常交际中，大部分人在做出某些行为举止的时候，他们会下意识地想掩盖自己内心的真实想法，或者，假意做出相反的举止来迷惑他人，不过，他们的某些姿势还是可以泄露其潜在的思想。所谓“江山易改，本性难移”，一个人的性情，无论他如何掩饰都会在行为举止上一览无余，这时，我们可以通过观察对方的体态表现来洞悉其真实心理。

星期天，小娜与朋友丽丽约在了咖啡厅，小娜很想跟朋友聊聊自己最近烦恼的事情，希望能从朋友那里寻求到一点安慰。

刚见面，小娜的眼睛就红了，她开始哭诉自己的遭遇，而丽丽一只手撑着脸颊，呆呆地望着小娜。小娜并没有注意到丽丽的这一动作，每当说起自己遭遇很惨的时候，小娜都会问：“你说我倒霉不？”丽丽则会配合性地点点头，不过，她那撑着脸颊的一只手却一直没放下来。

小娜每次抬头看丽丽，发现她一直是那个动作，她猛然想起自己昨天看过的一本书《身体姿势透露他的潜意识》，书里介绍如果有人以这样的姿势对着你，那表示对方无法专心听你讲话，只希望你快点结束话题，或者轮到他发言。在很多时候，他并不是真的有什么话要说，只是觉得你的说话很烦而已。

那一瞬间，小娜回忆起之前每次和丽丽约会，她都是这样的姿势，小娜有些不好意思地说：“我说完了，最近你怎么样？说说你自己吧。”果然，小娜刚说完，丽丽就将手放了下来，开始兴奋地谈起最近的一次约会。

在和朋友谈心事的时候，如果朋友的姿态如丽丽一样，那表示他是一个没有冲劲的人，或许他根本没仔细听你说话，只期待你早点结束那烦人的话题，然后他开始谈论自己的事情。事实证明，小娜的猜测是正确的，丽丽虽然表面上没说什么，但潜意识里并不喜欢听到朋友的哭诉，她更注重自己的感受。

在日常生活中，人们的身体姿势还有很多，下面心理学家说到的一些体态，可能你非常熟悉，但你未必知道它们背后隐藏的真实想法。

1. 十指交叉

心理学家认为，这是人们常用的一种手势动作，许多人以为这是自满的意思，其实不然。十指交叉的动作表示隐藏自己内心的感觉，如果你在说话的时候，对方做出这样的动作，则表示对方对你所说的话题并不感兴趣。如果对方将手松开了，这表示他有话要说，或者，想起身离开。在某些时候，十指交叉还表示内心焦虑、紧张。

2. 搓手

心理学家分析说，搓手这一手势并不是人们怕冷，而是为了表达自己心中的某些期待。有的人搓手动作很快，这表示他想为自己心中所想的事情跃跃欲试，而且，抱着异常急切的心态，比如，有朋友说去踢足球吧，结果他就会快速地搓手，希望这一想法立即实现。有的人搓手动作比较缓慢，这表示他正处于作决定的紧要关头，犹豫不定，他在考虑要不要去做那件事情。

3. 用指尖轻敲桌面

有的人喜欢用指尖轻敲桌面，桌面则会发出清脆的响声。这表示当事人正陷入思考中，或许正在思考解决问题的办法，或者正在犹豫要不要去做一件事。然而，当事人觉得不耐烦的时候，也会通过这种手势动作来减轻心理压力。

4. 背手

心理学家认为，有的人喜欢将手放在背后，这样的人对生活充满了热情，对未来充满了希望，他们大多有着成熟的心态，遇事显得十分冷静，常给人一种镇定自若的感觉。不过，背手这一手势动作也大有不同，有的人喜欢用一只手抓住另一只手的手腕，这表示当事人很紧张，他之所以这样做，是想控制自己的紧张情绪。而且，这样的手势，如果手握的位置越高，则说明情绪紧张的程度越高。

心理启示

心理学家提醒女性朋友们，在生活中，一个看似很普通的体态却包含着丰富的信息，其举止形态背后的潜意识才是我们所需要摸清的底牌。莎士比亚在《哈姆雷特》中说道："一个人表面上笑眯眯，其实心怀叵测。"试想，一个采取防卫、对抗姿态而又面带微笑的人，他或许想以假笑来麻痹你，同时还在算计如何拆你的台。大量事实证明，一些体态语言并不像想象中那样，就好像一个人表面对着你微笑，但其实他心里对你充满了怨恨。当然，如果我们不仔细观察，肯定洞察不到对方的真实心理。

紧握的双手预示着什么

在生活中，我们经常会看到有人习惯紧握双手，这到底表示什么心理呢？当我们偶遇一位刚刚创业失败的朋友，他向我们倾诉苦闷的时候，他的双手会不由自主地握在一起，而且，随着谈话的深入，他的双手会越握越紧，以至于那紧紧握在一起的手指都泛白了。有人形容，就好像两只手用胶水粘在了一起，动弹不得。其实，紧握双手表示一种内心的紧张感、焦虑感，或者是一种消极、否定的态度。伊丽莎白女王在出席皇室访问以及参加公众活动时最常用的就是这个手势，这时她会将紧握的双手优雅地放在膝盖之上。

在面试过程中，小丽先是将双手平摊，放在自己的膝盖上。这时面试官提问："你为什么会选择我们的公司呢？"小丽顿了顿，整理好了思路，开始回答："在我的眼里，贵公司是一家以生产、销售为一体的知名公司，而且，我查阅了贵公司最近几年的发展历程，可以说，我对这样积极发展、蓬勃向上的公司很有好感……"

面试官对小丽这样的回答似乎很满意，小丽也松了一口气。但是，面试官接下来的问题就有点重量了：“如果我们没有录取你，你会怎么想？”“你对自己很有信心吗？”小丽头上沁出了汗，双手不由自主地握在了一起，而且越握越紧，最后，竟然手指都显示出苍白的颜色。

双手握在一起，即使当事人依旧面带微笑，也难以掩饰其心中的失落与挫败感。通常情况下，人们觉得自己所说的话缺乏说服力，或者认为自己已经在这次谈话中落败，就会使用这样的手势：双手紧握。这样的手势大概有三种：将双手举至脸部，然后握紧；将手肘支撑在桌子或膝盖上，然后紧握；站立的时候，双手在小腹前握紧。

心理启示

心理学家认为，其实，在紧握双手这个手势中，双手位置的高低与当事人心理焦虑的强烈程度有极为密切的关系。也就是说，假如当事人把两只手抬得很高而且双手紧握的时候，也就是双手位于身体的中间部位的时候，你要想与之有进一步的沟通就会很困难；假如当事人的双手位于身体下部的时候，这时再与其交流就容易多了。

塔尖式手势表达的真实意义

塔尖式手势是指将双臂放在桌面上，十指对应相抵，与拜佛的手势极为相似，但掌心是分开的。心理学家认为，那些自信的人经常使用这样的手势，以显示自己的高傲。有时候，上级对下级，也会使用这样的手势，所向下级传递的信息是“情况早在我的意料之中”。另外，这一手势在会计、律师等人身上，使用得也比较普遍。塔尖式姿势有公开与隐藏两种形式，女性的塔尖式动作是隐蔽性的典型，她们端坐时会把手放在膝盖上，站立时将合着的手轻放在及腰的位置。研究专家发现，那些自视越高的人，塔尖式的位置也就越高。有时候，甚至会出现齐眉的动作，这样一来就像是从手缝中看人。

小敏接到总经理办公室的电话，希望自己能过去一趟。放下电话，她心里有点紧张，并不是因为总经理看起来可怕，也不是因为总经理要批评自己，而是小敏看见总经理塔尖式的手势就觉得紧张，不知道为什么，他总觉得总经理这个手势有点慑人。

走进总经理办公室，小敏看到总经理正在批阅文件，小敏松了一口气，心想，终于看不见那个可怕的手势了。看到小敏坐下，总经理把文件整理好，他开始将双臂放在桌面上，十指对应相抵，小敏正说话时，突然看到这个手势，竟然忘了要说什么。尤其是总经理摆着这样的手势，双眼盯着自己，小敏有种要上绞刑的感觉。

所谓塔尖手势，就是将一只手的指尖相对应地轻轻触碰另一只手的指尖部位，形成一个塔的手势，就好像教堂里高耸的塔尖。心理学家分析，通常这样的手势会出现在上下级之间的交流中，这个手势表现的是一种信心、权威。当领导指导下属，或者给下属提出建议的时候，他们通常会使用这个手势。充满自信的领导经常会使用这个手势，以此体现自己的身份和自信。假如一个人对自己的答案很有信心，并且习惯使用这个手势，他还会将其演变成一种祈祷的手势，从而让自己看起来更像万能的上帝。

心理启示

不可否认，塔尖手势是一个充满自信的手势。在与他人的相处过程中，如果你希望你所说的话被对方欣然接受，那么，就应该信心满满，不要妄自菲薄。如此一来，你的身体语言就会像你的说话一样令人信服。通常情况下，我们在进行语言表达的时候，为了辅助语言的表达效果，会适当地增加身体语言，而这时，自信的手势恰好能起到辅助语言表达的作用。

不过，心理学家提醒女性朋友们，假如我们想说服对方，或者想赢得对方对自己的好感，我们应当避免使用塔尖手势，因为这个手势有时候会给人一种自鸣得意、狂妄自大的感觉。当然，假如你只是希望让自己看起来自信十足，则塔尖手势对你会大有帮助。

第6章

嘴部动作：细微变化显示内心波动

女性朋友应该知道，用嘴说话是传递信息的最主要的手段，正因为如此，我们往往忽略嘴也有无声胜有声的效果。其实，嘴部的细微变化也可以泄露一个人内心的秘密，比如嘴角上扬才是真笑，抿嘴唇说明压力大，舔嘴唇表示安慰自己，吐舌尖则表示一种侥幸心理，等等。

牙齿与嘴唇碰撞的火花

俗话说：“唇齿相依。”牙齿和嘴唇好像是一对好朋友，互相依赖，互为伙伴。当我们在说话的时候，需要依靠牙齿和嘴唇的碰撞，一张一合，就会说出一句流利的话；当吃东西的时候，嘴唇张开，牙齿咀嚼，我们就能品尝到美味的食物。然而，许多女性朋友并不知道，牙齿与嘴唇的碰撞也暗含一些小秘密，我们经常会在吃东西时发现牙齿咬住了嘴唇，那钻心的痛从心而来，我们发现：即使再好的朋友，也会发生冲突。其实，咬嘴唇这样的小小动作，不仅仅吃饭时会出现，说话时也会出现。像牙齿触碰嘴唇等一些动作，是可以泄露一个人内心的真实情绪的。

中午，小敏被总经理叫到办公室，她猜测肯定没什么好事。果然，她推开总经理办公室的门，就看见了总经理那张阴晴不定的脸。不过，即使如此，总经理还是客气地说：“坐吧。”小敏小心翼翼地坐了下来，等待着总经理发话。

总经理一边整理手中的文件，一边说：“小敏，你来咱们公司也有好几年了，应该说，各方面都不错，为什么昨天的工作会出现这样明显的错误呢？”小敏咬住嘴唇，不说话，总经理又接着说：“像你这样明显的错误，连进公司三个月的新人都不会犯，这确实让我很生气，也不知道当时你到底在想什么。”总经理的声调提高了，小敏保持一副毕恭毕敬的姿态，始终咬着嘴唇，不说话。

过了一会儿，大概总经理觉得怒气消得差不多了，于是，语气转为温和：“你说说，认识到自己的错误了吗？”小敏小心翼翼地回答说：“我知道了，不好意思，让经理操心了。”说完又咬住了嘴唇。

在案例中，小敏出现了几个“咬嘴唇”的动作，虽然，这个动作很常见，也很普通，但却可以泄露其内心的真实想法。在交流过程中，如果一个人不断地咬嘴唇，则表示她正在思考对方所说的话，同时对自己的行为作出反省。而根据当时具体的语境，这样的判断是极其正确的。

那么，女性朋友知道牙齿和嘴唇碰撞背后暗含哪些秘密吗？

1. 说话时咬嘴唇

心理学家认为，在日常交际中，出现咬嘴唇的动作，表明对方在自我谴责，自我解嘲，甚至自我反省。对于他人所说的话，他正在认真思考。假如说话时以手掩口，则表示对方心存戒备，甚至进行自我掩饰。

2. 牙齿咬住下嘴唇

在与人交流的过程中，如果一个人用上牙齿咬住下嘴唇，或者用下牙齿咬住上嘴唇，抑或双唇紧闭，心理学家分析认为，表示他正在用心地听另一个人说话，他也许是在仔细地分析对方所说的话，也许是认真地反省自己。

心理启示

心理学家提醒各位女性朋友，在表情中，牙齿与嘴唇，也会碰撞出不一样的火花。通常情况下，一个人内心的秘密很容易写在脸上，呈现在人们面前。但人们往往有想掩盖真实心理的想法，不过，某些面部表情的自然流露还是会泄露其真实的内心，比如牙齿和嘴唇碰撞的秘密，也许我们所看见的只是一个“咬嘴唇”的动作，但其心里到底是怎么想的，我们却无从得知，以上所述，我们就为你揭示了牙齿触碰嘴唇的秘密。

嘴部小动作所反映的内心活动

从生理学角度看，人的脸部肌肉会随着情感的变化而变化，其中以眼睛和嘴部四周的肌肉最为显著。按照嘴角弧度的不同，嘴部的动作可以分为多种，或张开或闭合，或向上或向下，或向前或向后，或抿紧或放松，这种不同的嘴部小动作恰恰反映了人们不同的心理活动。比如，在生活中，容易被我们识别的嘴部小动作包括：嘴角上扬表示喜悦，嘴角下垂表示痛苦，嘴巴大张表示惊讶，嘴唇紧闭表示生气，等等。

下面，我们就一一来揭示。

1. 舔嘴唇

在生活中，当我们面临很大压力的时候，会感觉口干舌燥，这时就会不自觉地舔嘴唇，以使它湿润一些。心理学家认为，同样的道理，当人们感到不自在或者心理紧张的时候，他们也会反复地舔嘴唇，以此寻找自我安慰，并希望通过这样的动作让自己镇定下来。不过，在日常交际中，如果一个人总是不停地舔嘴唇，并不能表明他是一个自信的人，反之，只会让当事人更紧张。

2. 抿嘴

心理学家提醒女性朋友们，当我们面临重大压力的时候，一种常见的反应就是隐藏或抿紧自己的嘴唇。随着内心压力日益增大，原来丰满的嘴唇会慢慢变得扁平，最后成了一条直线。而这个形态，恰恰表示人们内心的情绪和自信被大大打击，跌至谷底。心理学家分析，抿嘴唇是自我抑制的表现，这就好像大脑在告诉我们“闭上嘴巴，不要让外界的任何东西进入身体”，不过，正是因为这个抑制情绪的动作暴露了这个人内心的焦虑。

3. 噘嘴

当一个人的嘴唇向前噘的时候，通常表示其心存不满情绪或不同的意见。对此，心理学家分析，这是当事人希望将不满的意见拒绝的意思。有时我们会看到这样的情景：在开会时，如果一个人不同意其他人的意见，通常会做出这样的举动。当然，噘嘴并不完全表示心存不满，因为有些爱撒娇的女孩也经常做出噘嘴的动作。

4. 撇嘴

当人们不开心的时候，通常会做出下唇向前伸、嘴角下垂的动作，这就是我们常说的撇嘴。如果说嘴角上扬表示喜悦，那撇嘴的动作则表达了一种负面的情绪。当人们内心感到悲伤、绝望、愤怒或者不屑的时候，他们的嘴部就会出现这样的动作。其实，当克林顿深陷与莱温斯基的性丑闻，以及小布什被指责伊拉克情报失误时，我们都可以从其嘴部观察到这个细微的动作。

心理启示

尽管，在不说话或说话时，人们嘴部的小动作是异常丰富的，但女性朋友们往往忽视了其背后隐藏的含义。同样地，对于那些细微的小动作，心理学家经过研究发现，每一个小动作背后都隐藏了一个心理秘密。

隐藏在嘴角的语言

小时候，我们都玩过这样一个游戏——贴嘴巴，就是在不同的脸上粘贴不同表情的眼睛和嘴巴，然后观察组合成的新表情。不同的搭配之下自然会产生新的表情，不过，即使对于同一个眼睛的表情搭配也会产生不同的表情，而对于同一个眼睛的表情搭配不同的嘴巴表情，最后的结果也是令人惊讶的。我们常说眼睛是心灵之窗，是一个人情绪的全部表现，其实不然，在面部器官中，嘴巴也是重要的表情工具。

嘴巴有四种基本的运动方式：张开闭合，向上向下，向前向后，抿紧放松，这时嘴角会呈现出不同的形态。这些丰富的嘴角形态，反映了当事人处于何种情绪。

1. 嘴角上扬

嘴角上扬，这个表情动作是最容易辨认的。心理学家分析，当一个人开心的时候，他的嘴角就会不自觉地上扬，这是真实情绪的自然流露。假如一个人只是勉强露出微笑，你可以观察一下，其嘴角没有任何动作，即使勉强保持嘴角上扬的动作，嘴部的肌肉明显也是僵硬的。

2. 嘴角扁平

什么时候一个人的嘴角才会变得扁平呢？也就是当他把嘴唇抿成“一”字形的时候。心理学家分析认为，大多数人在作重大决定或事态紧急的情况下就会做这样的动作，这表示他正处于思考状态。而且，这样的人大多比较坚强，具有坚持到底的精神，面对困难从不退缩，因此，习惯做这种动作的人很容易获得成功。

3. 嘴角上挑的人

心理学家认为，相比较嘴角上扬，嘴角上挑的人看上去有点傲慢，这表示其有种强烈的优越感。这样的人机智聪明，性格外向，能言善辩，善于和那些陌生人交往。他们胸襟开阔，有较强的包容心，即使那些曾伤害过他们的人，也从来不放在心上。

4. 嘴角向后

在与人交谈时，假如其中有人嘴角稍微向后，则表示他正集中注意力听别人说话。

5. 嘴角下压

当一个人嘴角下压的时候，使得这个人的整个嘴部出现下垂。这种动作表示当事人处于负面情绪之中，比如悲伤、懊恼、抑郁等。尽管他在极力掩饰内心的负面情绪，但其嘴角的细微动作还是将其内心的秘密暴露无遗。

心理启示

心理学家提醒各位女性朋友，嘴角的动作是由于嘴部的上唇提肌和下唇肌共同作用而形成的，或嘴角上扬，或嘴角上挑，或嘴角下垂等，这些看似细微的动作却可以泄露一个人内心最真实的秘密。因此，千万不要忽视嘴角动作的变化，一旦嘴角发生了细微变化，则预示着这个人内心情绪发生了变化，因为真实情绪往往隐藏在嘴角的变化之中。

紧闭和张开的嘴巴隐藏的心绪

心理学家认为，当一个人不说话的时候，其嘴巴是紧闭的；当一个人说话时，嘴巴是张开的。这两种情况下，嘴巴有紧闭和张开两个动作。其实，不仅仅如此，在其他情绪呈现中，也会出现这两个动作。而且，仅仅紧闭和张开这两个明显的嘴巴动作，就能表现其内心情绪的不同。

1. 紧闭的嘴巴

有时候，人们习惯紧闭嘴巴，给人一种拒人于千里之外的感觉。看似不想说话，其实内心却有另外的情绪在涌动，有可能是哀伤，有可能是愤怒等，下面心理学家就单闭嘴这个动作，揭示出其中可能隐藏的情绪。

（1）悲伤

心理学家认为，在许多悲伤的脸上都会出现紧闭嘴唇的形态，不论是失声痛哭还是略带克制的平静忧伤。在这些表情中，因上唇在颧小肌或者提上唇肌的作用下发生改变，嘴角会保持向两侧拉扯咧开的倾向，不过这根本没有明显的变化。这样紧闭嘴巴，是悲伤表情的典型形态特征，就好像人们在吞咽药水时痛哭的表情。

（2）愤怒

心理学家认为，当一个人在愤怒的时候，大多也是紧闭双唇的。这时嘴部形态直接取决于口轮匝肌、降口角肌，这两种肌肉的作用就是收缩，可以让嘴唇挤在一起。一个人生气时不会随便张口乱吼，在大多数情况下只是紧闭双唇，憋着一口气，等待愤怒情绪的发泄。

2. 张开的嘴巴

心理学家表示，同样，张开的嘴巴，并不表示这个人在说话，也有可能表示一种惊讶，抑或是一种恐惧，还有可能表示大哭。

（1）惊讶

当人们惊讶的时候，嘴巴会不自觉地张开，配合一次快速吸气，只有下唇在下巴的带动下自然向下轻微地张开，嘴唇表面皮肤不会变紧，也不会向两侧拉伸。惊讶时，人们嘴部张开这个动作，纯粹是为了吸入更多的空气，从而为身体的下一步动作做好准备。当然，此时嘴巴张开并不会拉动嘴部周围的肌肉，而仅仅是下颚有意地打开，让嘴巴张开，然后快速地吸气。

（2）恐惧

当人们恐惧时一样会张开嘴巴，露出惊恐的神态。在恐惧的表情中，上唇被提升，嘴角被颈阔肌向两侧大幅拉开，下唇也不仅仅随着下颚的垂落而打开，在降下唇肌的作用下被拉长、下降，露出部分下齿。这样一个张嘴的动作，是出于呼吸本能的需求而做出的动作，这与我们因恐惧而全身进入紧张状态、皮肤变紧是同理。

（3）大笑

在大笑时，在颧大肌的作用下，提口角肌、提上唇肌等其他与上唇的肌肉会收缩。这时，上嘴唇在这些肌肉的影响下，几乎提到了最高位置，将上齿全部露出，甚至还会露出部分上齿牙龈。大笑的时候，下颚下垂，使嘴巴张开，不过，这时下巴不仅下拉，还会向颈部移动后贴，下嘴唇也会被大幅拉伸，表面变得平滑。

心理启示

当女性朋友们了解到闭紧嘴巴，有可能表示悲伤或愤怒；张开嘴巴，则有可能表示惊讶、恐惧、大笑。那么，你们就不会再单一地将张开嘴巴理解为说话，闭紧嘴巴理解为不想说话。有时候，嘴巴简单地闭合，隐藏了当事人最真实的情绪，因此千万不可忽视这个细微的变化。

嘴巴也会撒谎

众所周知，人们是用嘴巴撒谎，但其实在说谎的一瞬间，其嘴部是会呈现出一种表情的。心理学家表示，当一个人在撒谎时，他的面部表情会局限在嘴巴处，比如高兴、欣喜、悲伤和敬畏，而不是整张脸。例如，当一个人自然微笑时，整张脸都会有反应：下巴、脸颊会动，眼睛和前额会向下等。

心理学家表示，生活中，当一个人有意识说谎时，他为了掩盖自己说谎心理，会强迫自己呈现出正常的面部表情，避免被别人猜测到自己在说谎。其实，一个人越想掩饰真实的内心，就越有可能从缝隙中露出破绽，即使他面部所显露出的并不是撒谎的表情，但其嘴部的小动作也会泄露其内心的秘密。所以，在日常交际中，我们判断一个人是否撒谎，可以将焦点放在其嘴部表情上，以便从中看出端倪。

周末，扬扬准备打电话约男朋友一起去逛街。但是，男朋友却说："我约了朋友一起去钓鱼。"扬扬虽然懊恼，但想到男朋友也有自己的爱好，于是就不再作声了，只好一个人去逛街。

大街上，扬扬没想到遇到了男朋友的铁哥们儿张军，她叫住张军："耶，你不是和他去钓鱼了吗？怎么还在街上闲逛。"张军面颊上扬，嘴角下垂："钓鱼？哦，是的，他们先去了，我一会儿就去，你一个人逛街啊？"扬扬回答说："是啊，打算喊他一起的，但他却说自己要跟你们一起去钓鱼。"听了这话，张军咬住下唇，半天才说："哦，这样啊，那你先逛吧，我得赶过去了。"说完就挥手告别了。扬扬总感觉张军的表情不对劲，但又说不上来为什么，只好摇摇头走开了。

其实，张军根本没有跟扬扬的男朋友一起去钓鱼，他只是在街上巧遇扬扬，而扬扬男朋友到底有没有去钓鱼，他也不知道，他只是帮着圆谎。

在这个案例中，心理学家认为，张军明显在撒谎，我们可以从其嘴部的表情看出一二：“面颊上扬，嘴角下垂”、“咬住下唇”，这些都足以说明他在撒谎，虽然他的面部表情极为镇定，但嘴角流露出的表情却泄露了其内心的真实想法。

那么，当一个人在撒谎时，嘴角会呈现出哪些表情呢?

1. 嘴角下垂

当一个人面颊上扬，嘴角下唇时，说明他有事瞒着你，并且他为此感到非常内疚和自责。

2. 食指放在嘴唇上

当一个人双手交叉相握，两食指放在嘴唇上，说明他在竭力使自己平静，有事情想向你坦白。如果你看到对方是这样子，先不要打扰他，也不要逼问他，等他想好了他会对你说。

3. 瘪嘴

当一个人瘪嘴时，说明他有意识地保持沉默，对于所隐瞒的事他不知道该不该跟你说。

4. 舔嘴唇

舔嘴唇是一种安慰行为，此行为可以让非常紧张的说谎人保持镇定，也是说谎者在说谎时常用的表情。

心理启示

心理学家认为，虽然，一个人说谎是通过嘴巴，但其嘴部表情会泄露其说谎的秘密。这就好比有人做了坏事，即使其表现得异常镇定，但还是免不了露出一些破绽，而撒谎者的破绽就在于其嘴部的表情。在日常交际中，我们要善于观察一个人嘴角动作的细微变化，也许一个简单的动作，就预示着他有事瞒着我们，也就是说，他在说谎。

第7章

眼神秘密：双眸可以触动内心的最深处

在日常交际中，女人们经常通过眼神的力量去触动对方的心理。在人的众多面部器官中，眼神是最会说话的，一回眸，一眨眼，都是一种内心的流露，而女性朋友们则可以有效地利用眼神的力量，成功触动对方内心最深处。

忧伤眼神中的悲伤情绪

心理学家认为，当人们处于悲伤情绪中，眼睛睁开时会有变化。上眼睑的提升因被下压的双眉所抑制，皮肤上会形成一层褶皱，不过，这时眼睛的睁大没有恐惧状态下那么显著。因此，这是睁着眼睛的悲伤与恐惧表情的重要区别。

人们处于悲伤状态时，眼神也会有所不同。下眼睑比平时遮住更多的眼球，眼轮匝肌部分收缩，主要是下部分收缩，这会造成下眼睑提升变直。这个细微的表情变化，会起到重大的作用，由于增加了虹膜被遮盖的部分，上下缘都被遮住了更多的部分。在这种状况下，眼睛的警觉状态就会在短时间内消失，眼神也会失去原有的光彩，瞬间显得暗淡无光，究其原因在于，黑白对比的减弱以及眼球反光面减少而造成的感觉。因此，当一个人悲伤的时候，我们可以从其眼神中体味其内心的悲伤情绪。

小卓趴在阳台上，两只眼睛红肿着，昨晚哭了一夜，现在似乎累了。她双眼不知望向了何处，眼神暗淡无光，一双手无措地搭在窗边。

这时朋友梅子来了，小卓开门，脸上露出了笑容，但可以看出很勉强，因为嘴角的笑容是略带僵硬的。小卓两眼望着天花板，呆呆地，不说话，梅子关心地问："你吃饭了吗？这都到中午了。"小卓摇摇头，但眼睛还是望向别处，眼神空洞，仿佛失神了一般。梅子看见小卓这样的情形，很是无奈，看来这失恋的打击真是巨大。梅子看到小卓的房间乱糟糟的，就动手收拾起来，而小卓索性躺在床上，眼神里充满着难以诉说的忧伤。

梅子收拾完房间，坐到床沿边，安慰朋友："失恋有什么了不起，比他好的男人多得是，你别伤心了，赶快起床梳洗梳洗，这样才有精神认识更好的男人啊！"小卓转过头，一脸苦笑道："可是我脑海里全是我们曾经美好的回忆，我无法忘记他。”她说这话时眼神里突然闪出一道光，似乎正在回忆过去幸福的瞬间，但很快那道光就消失了，眼神瞬间变得暗淡。梅子继续说：“我知道你现在十分难过，但时间就是最好的药，等过段时间，你肯定会好起来，你也会认识新的朋友，说不定还会找到比他更合适的对象，过去的就让它成为记忆吧！”听了梅子的话，小卓看似平静了许多，不过，眼神依然暗淡无光，很难走出失恋的阴影。

在这个案例中，有多处关于小卓忧伤眼神的描写，如“两眼望着天花板，呆呆地”、“眼神空洞”等。这些其实都是小卓内心悲伤情绪的呈现。其实，当一个人处于悲伤的情绪时，不论他如何掩饰，我们还是可以从其眼神中读出其内心的忧伤。

心理启示

心理学家提醒女性朋友们，眼睛是最容易泄露一个人内心情绪的表情器官，因为眼睛是不会说谎的。在日常交际中，我们要善于观察对方眼神的变化，通过其眼神的变化，就可以窥探其内心的情绪状态。尤其是当一个人处于悲伤情绪时，他的眼神是无法掩饰的，可以说，其内心泄露出来的情绪状态尽在眼神中。

眼睛对视，洞悉其背后的真实心理

在人际交往中，眼神交流是相当重要的。因为从眼神的交流中，可以看出两个人的心态、两个人的关系，甚至是微妙心理的变化。比如，看视线是否交流，是否将目光投向对方；看视线注视的时间，是盯住一处不放还是匆匆一瞥；视线的角度和方向，是迎面还是斜视，是自下而上还是自上而下；视线的集中度，是凝神注视还是茫然。当然，通常情况下，直视与长时间的凝视对私人占有空间或视力圈的侵犯，这都是不礼貌的。转移视线，回避对方的视线，是不愿意被对方看到自己的心理活动；睁大眼睛则是对对方所谈论的话题十分感兴趣。

1. 眼神接触

心理学家认为，当对方投来了关注的目光，两人视线接触，则表示对方对你有兴趣、想亲近你或关心你。如果对方完全不看你，则表示“完全不把你放在眼里”，这样的可能性比较大：或许不想关注你，或许看不起你的行为，或许心里有鬼，对你怀有愧疚，或许很在意你，但心里感到羞怯。

当然，还需要根据实际情况作出判断。两个陌生人，偶尔视线相遇，通常会快速转移视线，自然地避开对方的视线，因为被对方注视太久，会感觉心理被看穿了，有一种被侵犯的感觉。

2. 视线转移

心理学家提醒女性朋友们，有时候，人们会主动移开视线，这是一种强势的表现；有时则会被动移开视线，也就是逃避他人的视线。在沟通过程中，假如自认为站在高于对方的位置，那个人就会先移开视线，这样做会让对方处于被动的位置。当两个陌生人见面，快速移开视线的人，比较具有攻击性。在交谈过程中，回避对方的视线，不愿意接受对方的视线，不愿意和对方对视，则表示当事人犯了错、心中有愧疚。

3. 长时间盯住一个人

通常情况下，一个人说得越多，看对方的时间就越少；而听得越多的人，看对方的时间也就越多。人们认为，在交谈中一直不移开视线，始终注视说话人的眼睛是一种诚实的行为，但这却给说话者带来极大的不安。所以，要想看清对方的意图，必须观察对方的话说到哪里，进行视线交流。当人们开始说话的时候，一定先把视线从对方那里移开，这是一种避免分散注意力的方法。在开始说话时，视线交流的目的是通知对方要开始说话了，可以引起对方的注意；说话结束时转移视线，意在想了解对方并推断出对方的心理动态。

心理启示

心理学家认为，在日常交际中，我们离不开各种沟通，这时就需要注意眼神的交流、转移以及移开。通常情况下，正常的眼神交流是时而交接，时而移开，因为在交际场合中，长时间地盯着一个人是一种不礼貌的行为，除非你的对象是艺术品、雕塑、风景、动物、舞台表演等。当你在看这些东西的时候，可以随心所欲地凝视，想看多久就多久，想看多仔细就看多仔细。但如果我们所面对的是人，那就需要表现出应有的礼节和尊重。

频繁眨眼总会让人感觉不自在

在生活中，眨眼是非常正常的眼部动作，在安静、放松的状态下，人的平均眨眼频率是每分钟十几次。一般情况下，成年人只需眨眼两三次就可以使眼球保持湿润。不过，当人们感到兴奋、烦乱、紧张或忧虑的时候，眨眼的频率会提高。而当人们的情绪处于正常状态时，则眨眼的频率又会恢复正常。假如在1秒之内连续几次眨眼，那是神情活跃，对某件事物感兴趣的表现，也可能是思想斗争的表现。不过，在日常交流中，如果对方频繁地眨眼，则表示其所说的话让人不足为信。

小宋是一个漂亮的女孩，但围绕在其身边的女性朋友却很少。这是因为当其他女性朋友围坐在一起的时候，所谈论的就是小宋喜欢眨眼的特点。

本来跟小宋关系还不错的小娜说："每次她说话的时候，都会无辜地眨眼，而且这是不正常状态下的眨眼，因为她几乎是连续眨眼，即使她嘴里说我是她很好的朋友，但我心底还是不愿意确认，因为她这样眨眼说话让我难以信任她。""是啊，每次都是这样，我都不知道她说的哪句是真话，哪句是假话，反正我不愿意跟她说话，害怕看到她不停地眨眼这个动作。”坐在旁边的美美也表示深有同感，可能连小宋自己都不知道，原来自己频繁眨眼这个动作让身边的朋友不再信任自己。

假如眨眼的时候，带动睫毛的振动很明显，也就是用力地扇动眼睫毛，这其实是一种卖弄的夸张动作，就好像在说：“不是我的错，不是我做的。”但其眨眼的动作却分明告诉别人：“这事情跟我有一定的关系。”不过，当我们说话时，有人眨眼，而且是连续的，眨眼的速度较慢，但幅度比较大，这是一种不信任的表现，就好像在说：“是真的吗？”这表示其对我们所说的话并不信任。

心理学家提醒女性朋友们，在正常而放松的情况下，人们每分钟会眨眼6~8次，每次眨眼时闭上的时间却只有十分之一秒。不过，当人们压力比较大时，比如撒谎的时候，人们眨眼的频率就很可能显著提升。甚至，当人们眨眼的频率超过一定限度时，他会下意识地闭上眼睛，而不想让你看见其延长眨眼的间隔。这是因为人们每次眨眼时，眼睛闭上的时间远远长于正常情况的十分之一。

心理启示

在生活中，如果我们与他人说话时其快速眨眼，则表示其所说的话是不可信任的。同时，我们为了让其他人对自己产生信任感，应该避免连续眨眼，尽量延长眨眼的间隔时间，这样就容易赢得对方的信任，从而达到有效影响他人心理的目的。

眼球转动传达内心的秘密

可以说，眼神是一种无声胜有声的交流手段，然而，女性朋友们却不知道，即使没有眼神的交流，眼球本身的运动也是一种语言。每天早上，当我们对着镜子，想想今天的工作日程，想想早上吃什么时，你就会看到自己的眼球在运动，而且是向上运动。实际上，不管我们的思绪是追溯过去的回忆，还是憧憬未来的蓝图，只要有画面感的情景，眼球就会向上运动，进入视觉摄像。假如你在认真听对方说话，此时眼球会在中间，这意味着你进入了听觉世界。而当你工作了一天感觉腰酸背痛的时候，你的眼球会向下运动，因为你被感觉、身体触觉的情绪所控制。

1. 眼球快速左右运动

对绝大多数人而言，眼球向左运动是回忆过去，向右运动则是对未来的幻想。当然，左撇子除外。当人们的眼球向左运动的时候，他或许在回忆昨天做了什么事情，去了哪里，认识了哪些朋友；当他们的眼球向右运动的时候，他则可能是在设想明天的工作，后天搬家的事情。

假如对方的眼球出现了快速地左右运动的情况，则表达的意思又不同。比如，在一次辩论赛上，我们常常看到高频率的眼球运动，而且一般是受到攻击的一方。而那些被诘难的人，眼球会快速地左右运动，这表示他们的大脑正在积极地思考，希望更好地应对对方。由此可见，当一个人绞尽脑汁想问题的时候，就会出现这样的眼球动作。当然，当人们内心紧张不安的时候，也会做出此种行为，他们希望自己能够集中精神收集信息，稳定心情。

2. 眼球在不同的位置所呈现的心理

前文中我们已经说过，眼球在左边，表示视觉回想，也就是回忆过去所见的画面和脑海里浮现的场景，比如昨天吃了什么，做了什么工作；眼球在右边，表示视觉想象，想象从未见过的生活，比如明天要去哪里；而眼球在中间，则表示听觉回想，回忆过去所见所闻。

假如眼球处在中间向右，则表示听觉想象，在幻想从未听过的声音，比如母亲在想象几个月大的孩子第一次喊妈妈的场景；眼球处在左下，则表示听觉在发挥作用，这是在对自己说话，比如对自己说句鼓励的话；眼球处在右下，则表示内心感受，情感的触动，比如恋爱是一种什么感觉。

心理启示

心理学家提醒女性朋友们，当我们看到别人眼球上下运动的时候，就可以推测出别人的内心活动，比如一个认真听你说话的人，眼球绝对不会向上翻起；一个正在思考的人，眼球也绝对不会不动。我们只需记住：眼球往上的时候，是视觉的、影像的；眼球在中间的时候，是听觉的、声音的；眼球往下的时候，是感觉的、身体的。

眼睛斜视富含的意义

一般而言，斜视的含义是较为丰富的，可能表示感兴趣，也或许表示不确定，甚至表示敌意。假如对方在目光投向侧方的同时，眉毛微微上扬或面带笑容，则是感兴趣的表现，热恋中的女人常常将这样的行为作为求爱的信号，尤其是女人。当然，假如斜视的目光加之压低的眉毛、紧皱的眉头或下拉的嘴角，则表示怀疑、敌意或者批判的态度，这会令对方感到担忧或憎恶。

茶吧里，乐乐正在讲述自己引以为豪的欧洲之旅，但其身边的朋友却始终以一种斜视的目光看着她，辅之以双眉压低、紧皱眉头、嘴角下拉。乐乐刚开始没觉得这样的眼神会给自己带来影响，但很快，乐乐就觉得浑身不自在，说不清楚这种缺乏安定的感觉是从何而来。

乐乐继续说道：“那天，我们到了洛杉矶，那确实是一个美丽的地方……”说着说着，乐乐自己似乎也忘记说到哪里了：“呃……我说到哪里了？”还是经另一位朋友的提醒，乐乐才接上刚才的思路。而这时，乐乐再次看到那位朋友斜视的目光，突然产生一种不快、厌恶的感觉，难道不相信我说的是真的吗？为什么要以这种审视的目光来看我，乐乐越想越生气，之后下定决心不再跟这位朋友来往了。

一个人视线的角度可以为我们提供很多有效的信息，视线角度的动向，可以正确地指示出一个人内心处于不同因素为主导的状态中。当我们视线处于平行的时候，表示一种理智、冷静、平衡的人际关系。与我们的朋友、同事以及许多同辈人，我们都会以平常心对待，这时视线是平行的，那面部自然是互视了，这就是所谓的“正视”，意味着“我们是平等的，谁也不比谁差，谁也不比谁强”。

假如一个人的关心和欲求加深，就会不敢正视，改用斜视看对方，这表示对对方有兴趣，但不想被对方识破，一方面想了解对方，一方面又想隐瞒自己的内心。所以，当他试图掩饰自己注意对方的举动，而不是扭转头部，导致视线斜视。不过，就其他人而言，斜视会造成自己的担忧，甚至产生厌恶的感觉，就好像自己处于被审判的位置。

心理启示

心理学家提醒女性朋友们，在日常交际中，为了使沟通顺利进行，我们应该尽量正视对方，而不是斜视。斜视会给对方一种审判的感觉，似乎对其所说的话表示怀疑、猜疑，虽然，单就斜视这种目光而言，是一个很好的关注对方的视角，既不明显，又可以把对方脸部的细微表情尽收眼底，在生活中，一些有经验的销售人员会用这样的视线来与对方交流。但如果仅仅是日常生活中的交流，我们应尽量避免斜视待人，否则会令对方心中不悦，从而影响沟通的顺利进行。

眼神可以透视你的内心

众所周知，眼神所透露出的东西是最真实的。在日常交流中，目光的互相接触有时可以控制谈话的局面。举个例子，当有人说“他用十分轻蔑的眼神看着我”，就显示出交谈对象高高在上。而当我们说“在你说话时请正视我的眼睛”，则表示我们怀疑对方在撒谎。通常情况下，交流是面对面的，我们的目光大部分时间会停留在对方的脸上，因此，眼神中所传递的信息，是可以帮助我们解读其内心隐藏的真实想法的。基于眼神带来的这种影响，当人们第一次见面的时候，就会通过眼神所传递的信息在很短时间内形成对新朋友的第一印象。换句话说，有时候，眼神可能出卖你的“灵魂”。

三国时期，曹操派了一个刺客去刺杀刘备。刺客见到刘备后，没有立即下手，而是先和刘备“套近乎”，讨论削弱魏国的策略，刺客的分析深得刘备的欢心。刺客迟迟不动手，诸葛亮趁机走了进来。这时刺客很心虚，借故上厕所。刘备对诸葛亮说：“依我之见，刚刚那位奇士，可以帮助我们攻打曹操。”诸葛亮却连连叹道：“此人一见我，神色慌张、畏首畏尾，视线低而流露出忤逆之意，奸邪的形态完全暴露出来了，他必定是一个刺客。”于是，刘备赶紧派人追去，但是那个刺客已经跳墙而逃了。

在这个案例中，诸葛亮之所以能够识破那个刺客，最主要的原因还是刺客的眼神暴露了其太多的秘密，那种闪烁不定的眼神，即使我们平常人看上一眼也会牢记脑海。在生活中，如果有人向我们投来不屑的目光，或者那些不太友好的人轻轻地斜视自己，我们一旦察觉是难以忘记的。当然，如果我们想像诸葛亮那样，在短时间内就通过对方眼神的变化看透其内心，确实是一件难事。

心理启示

在生活中，我们对眼神的描述是十分丰富的，比如“怒目而视”、“她的眼睛闪闪发亮”、“他的眼睛贼溜溜的”、“她的眼神恨不得杀了那个男人”、“她的眼神十分恶毒”，等等。基于这些形容词的描述，表示我们是按照对方瞳孔的大小以及观察物体的方式，得出这些信息的。心理学家提醒女性朋友们，在我们所有的肢体语言中，眼神所传递的信息是最真实、最有价值也是最准确的，因为它是传达身体感受的焦点。

第8章

百变姿态：每个姿势都在传递专有秘语

心理学家认为，在日常生活中，人们会有各种各样的姿态，诸如睡觉、走路等，从这些姿态各异的行为中，我们又能窥探一些什么信息呢？本章中，心理学家将为各位女性朋友一一揭秘。

百态坐姿看其性格

在日常交际中，每个人的姿势都各具特色，心理学家表示，这看似无意的举动，随意的姿势，却可以透露其不同性格和心理状态。虽然，坐姿是人们常见的姿态，但是，不同的人，其坐姿是不同的，当然，这其中不过是大同小异。毕竟，坐姿所强调的应有姿势是不会变的，不过，具体到每个人的姿态上，却有着深深的个人印记。或者自己加了些小动作，或者品性使然，或者心理关系，使得他们的姿态在细微上有所差别。比如，有的人喜欢正襟危坐，有的人则喜欢侧着身子坐，还有的人喜欢蜷着身子坐，等等，这姿态中的细微差别将透露一个人关于心理、品性的秘密。

坐姿，既能体现一个人的形态美，又能体现一个人的行为美。当然，正确的坐姿要求是“坐如钟”。良好的坐姿会给他人传递自信、友好、热情的信息，同时也会体现出自己良好的修养。日常生活中，我们经常看见有的人两腿叉开，而且抖个不停，还把腿跷得很高，这种不雅的坐姿实在令人不敢恭维。普通的坐姿应该是：在站立的姿态上，后退能够碰到椅子，再轻轻地落座，双膝并拢，腿可以放在中间或者两边。在一些公众场合，最好不要跷二郎腿，尤其穿裙子的女士更需要小心盖住自己的腿。不过，在现实生活中，人们的坐姿被烙上了个性的印记，可谓是千姿百态。

小娜有一个不太好的习惯：一旦置身公众场合，就开始抖腿，而且，越抖越厉害，用朋友的话说，如果在桌子上放一杯水，只要她一抖腿，五分钟不到，杯子里一滴水都不会剩下。小娜想改变这个不好的习惯，可总是不见效果。

一天，小娜去面试，负责面试的是公司的财务总监，一开始对小娜特别客气，热情地接待她，还给她倒水。然而，小娜一坐下，老毛病就犯了，总监对于小娜的特殊举动刚开始没怎么注意，后来仔细一看才发现小娜在抖腿，顿时就眉头紧锁。他想小娜一会儿可能会停下来，强忍着自己不去看，继续面试。可余光老是注意到小娜的腿，终于，总监受不了，他中止了面试，出去喝了杯水，回来一看，小娜还在那里无所顾忌地抖腿。

总监生气了，直言不讳地要求小娜拿着自己的东西离开。

或许，到最后总监也不明白看上去很正常的小娜为什么一坐下就会抖腿，这只能由心理专家给我们解释了。心理学家认为，那些一坐下就不断地抖腿的人，其内心焦躁不安，或者显得很不耐烦，当然，有的人是为了摆脱某种紧张感，比如小娜就是这种情况。在生活中，如果与你并排而坐的人有意或无意挪动身体，则表示他想与你保持一定的距离，但又不好意思做出明显的举动。

下面，心理学家就列举几种常见的坐姿，与你一起解读坐姿背后的秘密。

1. 两脚跟并拢，双手放于大腿内侧

有的人在端坐的时候，喜欢将两腿以及两脚跟并拢，双手交叉放在大腿的内侧。心理学家认为，这样的人个性呆板，性情固执，不愿意接受别人的建议，即使知道别人是对的，嘴上也不愿意承认自己是错的。

他们凡事都追求尽善尽美。他们说多于做，总是夸夸其谈，却从不投入实际工作中。即使一个短时间的约会，他们也会显得很不耐烦，如此个性使得他们在现实生活中常常遭遇失败。

2. 两膝盖并在一起，脚跟分开呈“八”字形

心理学家分析，这样的人性格比较内向，容易害羞，如果是女性，则表示她们对自己缺乏信心，若是在公共场合，她们说上一句话就会脸红。他们思想保守，排斥任何时尚的东西，对于许多问题的看法还停留在多年以前的状态。不过，他们对朋友相当真诚，对于朋友的求助，他们总会认真地对待，随时愿意效劳。

3. 敞开手脚而坐

有的人喜欢敞开手脚而坐，两只手也不固定放在哪里。心理学家表

示，这是一种开放式的坐姿，这样的人性格比较外向，不拘小节，天性好奇，喜欢追求新鲜的事物，对于普通人做的事情常常不屑，而致力于做一些别人没有做过的事情。他们喜欢与人接触，心态乐观，即使遭到了他人的批评也不在乎，始终按照自己的性格生活。

4. 两条腿靠拢而坐

有的人端坐的时候，喜欢将两条腿靠拢，双手交叉放在腿上。心理学家认为，这样的人看似性格温和，容易让人接近。其实，如果有人找他办事，他们很喜欢摆架子，不爱搭理人。他们个性比较冷漠，城府较深，就连在亲朋好友面前，也常常表露出自以为是的一面。他们做事常常三心二意，对于某些事情，他们从来不脚踏实地地去完成，还经常为自己找借口。

心理启示

心理学家提醒各位女性朋友，其实，坐姿这个动作看似简单，但恰恰从这貌似随意的动作中能够解读出一个人的性格和心理状态。

从行云走姿窥其个性

人们走路的姿态可谓是“千姿百态、变化多端”，比如，有的人是消磨时间的散步，有的人是无精打采的漫步，有的人是大摇大摆的阔步，有的人是悠然自得的信步，有的人是节奏均匀的慢跑，有的人是犹豫不决的徘徊，等等。一个人的走姿是站姿的延续动作，与站姿不同的是，走姿有着行走的动态美。正确的走路姿势是：抬头挺胸收腹，腰背笔直，目光平视前方，双臂自然下垂，手掌心向内，以身体为中心前后摆动。需要保持步履轻盈，端庄文雅，显示出动态美。当然，在现实生活中，我们需要注意几种特别的走姿：走楼梯的时候，需要走专门指定的楼梯；不要在楼梯上停留太久；坚持“右上右下”原则；注意礼让别人，不要和他人抢道。

出入房间，当你需要进入他人的房间时，需要轻轻叩门或按门铃；开关房门时，最好是反手关门、反手开门；谨记“后进后出”原则，和别人一起进门或出门的时候，要请对方先进门、先出门。

他是一个走路稳健的人，从来都是一步一个脚印，他常对下属说：“做事就要跟走路一样，来不得半点马虎，必须稳打稳扎，一步一个脚印。你想，若是显得很急躁，难保不会出错，比如，本来只是一件小事情，但你非要快速地奔跑，结果，在狭窄的楼期间与人相撞了吧，闯祸了吧，所以，凡事要稳。”

他平时走路的时候，很专心，不左顾右盼，而是仔细看前面的路。这跟他的个性很相像，他很注重现实和实际，在事业上小有成就，对于任何事情，他都是三思而后行，不莽撞，不唐突，从来不好高骛远。对于每一份工作，他都能脚踏实地，一步一个脚印地努力，在他身上，体现了“君子一言，驷马难追”的魄力。

心理学家分析，他的走路姿势很好地反映了他的内心，而他的内心所想也相应地体现在走路姿态上。如此看来，走姿所反映的是一个人真实的内心世界。生活中，有的人步态蹒跚，这是一种沉重的步态，这表示对方正处于疲倦或心情郁闷中；有的人走路无精打采，这又是另一种疲惫，即精神上的疲惫，这样的步态多体现在那些地位低下的人身上。

那么，不同的走姿到底反映了什么样的内心世界呢？下面，心理学家将一一为我们揭秘。

1. 步伐急促

有的人不管有没有急事，总是步履匆匆。心理学家表示，这类人做事很有效率，精力充沛，喜欢迎接生活中的各类挑战。性子比较急，因而，做事易冲动，不过，遇事时不会推卸责任，是一个做事负责的人。

2. 步伐平稳

心理学家经过分析认为，这类人比较注重现实，精明而稳健，做事之前仔细考虑，绝不冲动，一般不轻易相信他人。重情重义，是一个值得信赖的朋友。

3. 八字形步伐

有的人走路双脚向内或向外，呈八字状。心理学家表示，这类人在生活中不喜欢交际，比较聪明，默默做好自己的事情，但是，在某些方面比较守旧。

4. 昂首阔步

有的人走路昂首，大步向前。心理学家表示，这类人喜欢以自我为中心，凡事自己做主，不喜欢依靠别人。做事有条有理，思维敏捷，有较好的组织能力，适合当领导。不过，不太注重人际交往。

心理启示

心理学家认为，走路是我们每个人每天都要重复的行为动作，看似普通，没有半点特别，却能反映出一个人的内心世界。一个人从蹒跚学步开始，就基本决定了他走路的姿势，走姿并不是父母能教的，而是与其内心有很大的关系。一个人的个性贯穿于其生命的始终，不同的个性产生不同的心态，不同的内心世界形成了不同的走路姿势。那么，换个角度，我们可以通过观察一个人的走路姿势来窥探对方的内心世界。

站姿是性格的一面镜子

有人说：“站姿是性格的一面镜子。”这话一点儿不假，俗话说：“站有站相。”站姿，不仅塑造良好形态，而且，对我们的健康也很重要。在日常交际中，只要我们细心观察身边的人，从他们站立的姿势语言去探知其性格心理，肯定大有收获。良好的站姿能够彰显一个人的气质与风度，一般来说，站姿的基本要求是：挺直、舒展、线条优美、精神焕发。一个人普通的站姿应该是：把身体的重心放在一条腿上，另一条腿则微曲，两肩放平，腰板挺直。如果你站着等人，还需要注意来人的方向。需要避免的站姿是：两脚分开太大；交叉两腿而站立；两肩不平衡，一个肩高一个肩低；两只脚在地上不停地划弧线；交叠双腿斜靠在马路旁的栏杆、招牌上；和朋友勾肩搭背地站着。

但是，在现实生活中，并没有多少人能保持如此良好的站姿，大多数人可谓站姿各异，他们保留了自己的习惯姿势。其实，恰恰这些细小动作的差异，能够帮助女性朋友们摸清对方的性格特点。

西装革履的王先生走进电梯，趁着只有一个人的时候，他放松了身体，靠着墙壁站立。一直以来，他都是一个严格要求自己的人，如此放松的姿态不太常见。原来，他正处于失意期，一个星期之前所拟订的企划案被客户否定了。老板已经下了最后通牒："再不将企划案做好，我看你今年的年终奖无望了。"王先生叹了口气，拖着疲惫的身体走进了办公室。

心理学发现，靠着墙壁而站立的人，多是失意者，通常比较坦白，容易接纳别人的意见。在失意时期，内心希望得到他人的帮助。王先生正是这样一个人，只要你熟悉姿势透露出的秘密，即使你不认识王先生，也能够猜出对方的心理。

那么，一个人的站姿到底能透露出什么秘密呢？心理学家将为你解答疑惑。

1. 一只手放入裤袋里的站姿

有的人站立时，喜欢把一只手放入裤袋里，另一只手则放在身旁。心理学家认为，这样的人性格比较复杂，情绪往往处于不稳定的状态，他们对待他人的态度往往依自己的情绪而定，有时候会很热情，有时候会很冷淡。在人际交往中，他们首要想到的就是如何保护自我，有较强的自我保护意识，其他人很难接近他。

2. 眼睛平视的站姿

有的人站立时，眼睛平视前方，这无疑是一种标准的站姿。心理学家表示，此人对自己充满了信心，性格比较外向，给人一种气定神闲的感觉。如果对方的背挺得很直，则表明其对自己的生活充满了期待，是典型的乐天派。

3. 双手置于臀部的站姿

有的人站立时，喜欢把双手放在臀部。心理学家认为，这样的人有着较强的自我意识，只要是自己认定的事情，绝不会轻易改变，做事很谨慎。他们具备很好的领导才能，但很多时候，他们过于主观，性格比较倔强，听不进别人的忠告。总体来说，他们是一个很好的领导。

4. 将双手放入裤袋里的站姿

有的人喜欢站立时，将双手插进裤袋里，给人的感觉像是在装酷。心理学家分析认为，其实，这种是一种警觉性站姿。他们大多有较深的城府，性格比较内向，思想陈旧保守，不善言辞，从不轻易向朋友倾诉自己内心的想法。如果对方将双手放进裤袋，同时还弯腰，则表示对方正处于心情沮丧或悲痛之中。

5. 双手抱在胸前的站姿

有的人站立时喜欢将双手环抱于胸前，心理学家表示，这样的人性格比较好强，对他们来说，世界上没有什么难事。即使在生活中遭遇了很大的打击，他们也能很快地振作起来。他们是慢热型的性格，对于陌生人，有较强的自我保护意识；对于熟悉的人，则显得很亲昵。不过，他们常常给人的印象是难以接近。如果他们双手抱于胸前，而且身子略微倾斜，则表示他并不喜欢你，你最好赶紧离开。

6. 弯腰曲背的站姿

有的人站立时，弯着腰，曲着背，给人一种封闭自我的感觉。心理学家表示，这样的人性格大多比较自闭，思想保守，他们有较强的自我保护意识。在平日的生活中，他们总是担心自己，时常惶恐不安，对生活缺少热情，精神委靡不振。

心理启示

美国夏威夷大学的一位心理学家曾说："不同的站姿往往可以显示出一个人的性格特征。"在生活中，每个人都有自己的生活习惯、饮食习惯、体态姿势，其实，正是这些方面决定了一个人的特征，而这些特征恰当地反映了一个人的性格。因此，女性朋友们完全可以通过一个人的站姿来摸清对方的性格特征。

说话时喜欢指手画脚

生活中，或许我们没有发现自己在说话时喜欢指手画脚，并且所做动作还很夸张。在这里，我们可以以第三者的身份去看待这个行为。心理学家表示，这样的人之所以喜欢指手画脚，是强烈的好胜心的无意显露。他们总认为别人会听不懂自己的语言表达，于是他希望依靠自己的手势来补充一些内容，但往往使人感觉不够理性，情绪容易激动。而在某些场合，还会给人一种不礼貌的感觉。

1. 好胜心很强

有的人连打电话都习惯指手画脚，明明看不到对方，却感觉对方就在眼前似的。心理学家认为，这一类型的人，如果对一件事情热衷起来，他就会不把其他的事放在眼里。除此之外，他们好胜心非常强，如果身边有强势对手出现的话，他们一定会使出浑身解数，绝不愿输给对方。

2. 拥有较强的说服能力

这一类型的人在工作中大多相当有能力，他们个性积极，对自己想说的话、想做的事，通常具备良好的表达能力和高效的执行力，再加上他们拥有较强的说服能力，因此一定程度上提高其办事的成功率。他们在日常生活中，喜欢指手画脚，并且动作比较夸大，极富感染力，好像在演戏，因此周围的人很容易受他们情绪上的兴奋、热情的深刻影响。而在职场或团体中，他可以依靠自己的那种感染力和影响力带动他人一起往前冲，是活跃气氛、提升凝聚力的高手。

3. 其实很脆弱

这一类型的人会在自己的工作中独当一面，也会在工作之余表现出游刃有余的深厚功底。对于在任何场合说任何话，在任何场合做任何事情，他们都拿捏得十分恰当。但是，这类人也有软肋，那就是在挫折和困难面前，他们会变得十分脆弱，甚至在重大的打击之下一蹶不振。所以，当他们感到十分失落的时候，对他们说一些鼓励的话是没有任何作用的。最佳的做法就是给他们创造出一个新环境，当他们身处一个全新的环境时，自然会忘记曾经的失败，而激发出好胜心，振作起来。除此之外，他们也常常需要看一些励志性的书籍，借以鞭策自己，促使自己获得成功。

心理启示

心理学家提醒女性朋友们，一般来说，这一类指手画脚且动作夸张的人感情比较丰富。他们总是急于表达自己的情感、宣泄自己的情绪，以致忽略了他人的感受，是个性较为强势的人。正因为他们只考虑自己而忽视他人的感受，基本上比较自私。他们与那些身体僵硬、言行拘谨的人正好相反，这类人的行为举止与其情感、情绪的表达有非常密切的关系。当他们情绪高昂时，身体的动作便自然多了起来；如果他们心情比较消沉，手的动作也会不自觉地变得夸张。他们拥有较强的自主性，如果缺乏主见的人和他们在一起，就有可能会被其强势的气焰压制。

第9章

复杂表情：微表情背后隐藏的心理秘密

心理学家认为，在生活中，人们通过做一些表情把内心的感受传达给对方，当人们在做不同的表情之间，或者在某个表情里，其脸部会泄露出别样的信息，这样的表情就称为微表情，它持续的时间为二十五分之一秒。

会心一笑中的悲与喜

心理学家认为，会心一笑，也就是领会对方没有表明的意思而微微一笑。有人说，会心一笑可以缓解疼痛，因为人的笑来源于主管情绪的右脑额叶，每笑一次，就能刺激大脑分泌一种令人兴奋的激素——内啡肽。它可以让我们心旷神怡，止痛的效果相当于吗啡的40倍，因此会心一笑对于缓解抑郁症和各种疼痛是很有益处的。其实，会心一笑，不仅仅会缓解身体上的疼痛，而且还会缓解心理上的疼痛。在会心一笑中，我们可以领悟其中的那些甜蜜与辛酸。

1998年7月21日晚，在纽约友好运动会上意外受伤后，默默无闻的、17岁中国体操队队员桑兰成为全世界最受关注的人。那确实是一个意外，当时，桑兰正在进行跳马比赛热身运动，从她起跳的那一瞬间，由于外队教练的一个“探头”动作干扰了她，导致她动作变形，从高空栽倒在地，而且是头着地。个性温顺的桑兰在遭受如此重大的打击后却表现得相当乐观：“我会忘记这件事带给我的悲伤，我相信一切都会好起来的。”说着，她笑了。她的主治医生说：“桑兰表现得十分勇敢，她从来不会悲伤，每天都会露出最甜美的笑容，对她我能找到表达的词语是‘勇气’和‘乐观’。”

“忘记悲伤，用微笑面对下一刻”成为桑兰的座右铭，同时也铸就了她坚强、乐观的性格，美国人称她是“伟大的中国人民光辉形象”，在美国住院的日子里，许多美国民众都去看她，并不只是因为她受伤了，而是为她的精神所感动。是的，悲伤会过去，一切都会好起来的，在这信念的支撑下，桑兰逐渐好起来，直到今天，她依然没有离开世界人民的视线。

对桑兰而言，微笑面对下一刻，何尝不是一种会心一笑？对于人生道路上所遭遇的挫折与困难，她可以会心一笑，那一笑里包含了无尽的辛酸，但更多的却是甜蜜与幸福，因为她凭着那会心一笑铸就了自己卓越的一生。

我们在生活中如果看到了这样一个笑容，不要给予安慰，也不要同情对方。对方之所以会露出这样的笑容，是因为他已经苦尽甘来，即使他还有一些伤痛，但他已经承受过了。对于一个能会心一笑的人，性格一定是乐观积极的，在他的人生中，已经看不到失败与痛苦，所看到的只是那一缕缕充满生机的阳光。

心理启示

心理学家认为，会心一笑，大多出现在雨后阳光里，争执和痛苦之后。会心一笑的表情通常会呈现为：眼睛中满是温和的目光，笑容平和，即使脸上还有伤痛的痕迹，但都被笑容掩盖了。这样的笑容是最能打动人的，这是历尽千辛万苦之后的欣慰之笑，是阅尽繁华之后的脱俗境界。

眉飞色舞中的喜悦之情

各位女性朋友，不知道你们是否发现，当你们的心情发生变化时，眉毛的形状也会跟着发生变化，泄露我们内心的情绪。所谓眉飞色舞，即一种喜悦之情，内心的喜悦全写在了脸上。通常，我们所说的眉毛的作用就是防止汗液、雨水等刺激源在重力的作用下直接侵害眼睛。如果我们仔细观察眉毛，会发现每根毛发的走向，都是向上或者呈水平方向向两侧生长的。

心理学家认为，眉毛的运动，主要是额肌收缩造成的上扬，皱眉肌主导收缩造成的皱眉等，一些不同的形态。当一个人神志清醒，没有受到负面刺激时，眼睑正常睁开时眉毛的形态，就大部分人而言，眉毛的正常形态是两道弧心向下的弧。

有一天，小丽出去办事，谁知道刚走到大楼门口，突然有一物从天而降，正砸中小丽的肩膀。小丽十分生气，一时间剑眉倒竖，忙抬头看是哪个没素质的人乱扔东西，不料扔东西的人早逃之夭夭。小丽很是郁闷，皱了皱眉，只好自认倒霉。不料，低头一看砸到自己的东西，顿时眉开眼笑，原来那是一张周杰伦的最新专辑，而小丽恰恰是周杰伦的忠实粉丝。

在这个案例中，小丽在短短时间内流露出三种情绪变化，而且这三种情绪都是通过眉毛呈现出来的：生气时，剑眉倒竖；郁闷时，皱眉；高兴时，眉开眼笑。实际上，眉毛和眼睛一样，会随着内心情绪的变化而变化。

1. 双眉上扬

心理学家认为，双眉上扬，表示十分欣喜或极度惊讶。眉毛先上扬，继而在几分之一秒后再下降，这种向上闪动的短捷动作，表示对别人的友善，通常会伴随着扬头和微笑。

2. 眉毛迅速上扬活动

心理学家表示，眉毛迅速上扬活动，表示其心情愉快，内心赞同或对你表示亲切。若是眉毛完全抬高则表示“难以置信”，半抬高则表示大吃一惊，正常状态则表示不作评论。

3. 眉梢上扬

在生活中，如果女性朋友看到对方眉梢上扬，则表示对方是一个喜形于色的人，而此时此刻，他正处于愉悦之中。如果跟对方谈一些具体的事情，往往容易成功。

4. 眉心舒展

心理学家分析认为，在交谈过程中，如果对方眉心舒展，则表示对方心情坦然、愉快。相反，如果对方眉心紧锁，则表示他正处于忧虑之中，或正处于犹豫不决之中。

心理启示

在生活中，许多情绪的表情反应都包括了眉毛和眼睛的组合，比如不高兴、威胁、忧虑等。这些产生于内心的情绪都会在眉毛上留下痕迹，比如高兴时，眉毛上扬，眉心舒展，随之出现的还有笑容。当一个人呈现出眉飞色舞的表情时，其内心的喜悦之情溢于言表。

窃喜的微表情

从一张毫无笑容的脸上是否可以判断一个人的情绪呢？答案是肯定的，因为即使他将自己的情绪掩饰得十分成功，所谓“百密仍有一疏”，心理学家认为，越是面无笑容，笑容越藏于其中。开心的情绪是涌动的，这是一个极端的表情，一般缺少技能训练的人，是难以掩饰这一类型的情绪的。开心和悲伤一样，由内而外不断涌动，即使我们能保持面部表情，但若是不注意，还是难免露出端倪。即使对方毫无笑容，我们也可以抓住对方窃喜的微表情。

在蛋糕店里，小安是一个平凡得不能再平凡的女孩子，扎着长长的马尾辫，清秀的脸庞，遗憾的是，她却不怎么喜欢笑。她觉得，每天面对那些挑剔的客人已经够烦了，她的脸似乎僵硬了，无奈之下才会露出僵硬的笑容。

不过，最近，小安好像变了一个人似的。那天早上，小安竟然破天荒地早到了。看着同事们惊讶的目光，小安还是和往常一样的表情，只是说话时，多了几分欢快。换上工作服后，小安的手机响了，她急忙去了里面的房间，悄声说着话，虽然依旧毫无笑容，但眼角隐隐显现了零碎的细纹，眼睛闪着光。同事开玩笑：“小安，什么事情啊？”小安一本正经：“我能有什么事情？”同事一脸坏笑：“看你那样子，就知道肯定有什么好事。”“才没什么好事呢，赶紧上班吧。”小安说完，就去摆弄货品了。

快下班的时候，对面广场传来了一阵响亮的音乐，那是一首经典老歌。没想到，小安一边做清洁一边跟着音乐的旋律哼唱起来，虽说脸上没什么微笑，但总觉得有一种说不出来的喜悦。

心理学家表示，人们总是喜欢做一些聪明反被聪明误的事情，当他们想要掩饰一些情绪时，便竭力避免露出这种情绪所呈现出来的表情，比如当开心时一定不能笑，当悲伤时一定不能哭。但越是这样，内心的情绪越会从一些缝隙中跑出来，你越是强忍着，就越容易泄露内心的真实情绪。如果我们内心很兴奋，即便我们百般掩盖，但那些开心的情绪还是会通过眼睛、嘴角、眼纹、语音、语调等各种表情呈现出来。在这种情况下，即使人们面部毫无微笑，但那种窃喜的微表情还是会被别人发现。

心理启示

心理学家表示，毫无笑容的一张脸，其开心的情绪也有可能在眉眼里，在嘴角边，在欢快的脚步中，在娇嗔的语调中。总而言之，即使一个人掩饰得再好，其内心真实的情绪也会通过某些表情器官呈现出来，有可能一闪即逝，有可能只是细微的表情，假如我们在观察一个人时能对其每个细微的表情都做到细致，那一定可以抓住对方开始时的微表情。

双唇紧闭的愤怒

当情境濒临冷场状态，而当事人紧闭双唇，这表示一种什么情绪呢？心理学家告诉女性朋友们，如果你足够熟悉愤怒的情绪，则可以很快地将之归结为“愤怒”。或许，有人会费解，当一个人愤怒时肯定会张口骂人，而前文中我们也说到过愤怒的表情包括“露出牙齿”，为什么紧闭双唇也算是愤怒呢？此时，我们说紧闭双唇是正在抑制愤怒的情绪，并不是否认之前所说的“露出牙齿”是愤怒表情这个说法。

凡事都有例外，而且，每个人愤怒情绪的呈现方式也不一样，有的人生气时想要骂人，但也有人生气时只想紧闭嘴唇，一句话也不想说，并不是他不想骂人，而是他在控制自己内心的愤怒情绪。所以，在生活中，如果遇到一些紧闭双唇的人，不要认为他们不想说话，这样想可能是错误的，他有可能正在强忍内心愤怒的情绪，而他身上则贴着“不要靠近我”的标签。

心理学家分析，紧闭双唇，嘴部形态直接取决于三种肌肉，口轮匝肌、降口角肌和颏肌，这三种肌肉有收缩的作用，可以让上下嘴唇挤在一起。在紧闭双唇这个动作中，提上唇肌和降下唇肌并没有参与其中。噘嘴表示否认、勉强、为难、悲情，这是颏肌和降口角肌共同收缩的结果，口轮匝肌保持松弛。假如口轮匝肌也参加其中，就会增加嘴唇闭合的力度，力度轻了就表示内心不悦，力度重了则表示否认的意义更加强烈，这便是抑制愤怒的状态。当一个人想要张嘴骂人的时候，就需要更大的力量来管住自己，不断告诉自己紧闭双唇才是最好的办法。

愤怒时，紧闭双唇是如何的表情呈现呢？

（1）上唇提升，由于提上唇肌和上唇鼻翼提肌的作用，鼻翼提升，鼻翼两侧出现沟纹。

（2）下唇向上，与上唇紧紧抿在一起，嘴唇变薄，拉伸成直线，下唇突出。

（3）由于颏肌的作用，下巴的未知的肌肤隆起且不平坦。

（4）由于降口角肌的作用，嘴角下唇严重，这时的表情与抿嘴微笑的情况恰好相反，就好像嘴里憋着气，实际上也是这样，不过，所憋的是“怒气”。

就我们自身情况而言，除了对最亲的人或者搏斗的敌人之外，即使平时我们生气时也不会随意张口乱骂。在大多数情况下，只是紧闭双唇，憋着一口怒气，等待事情的完结。当然，这样的状况是危险的，因为愤怒的情绪随时会爆发，而且，由于紧闭双唇，脸色会变紫，面孔看起来异常愤怒，这足以令对方感到恐惧。

心理启示

心理学家提醒各位女性朋友，在生活中，人们愤怒的表情通常会受道德的约束以及社交规则的制约。否则，我们在愤怒时也会像动物那样对刺激源发出怒吼，甚至有可能发生肢体的进攻动作。动物之所以会这样，那是因愤怒情绪被积压的巨大能量，需要找个出口发泄，这样才能保持身心平衡。当然，这只是大多数动物才会做出的粗鲁行为，由于文明的不断渗透，人们愤怒时往往会强忍怒火，紧闭嘴唇，以免自己出口伤人，出手伤人。

不可思议的惊讶表情

惊讶，也就是惊奇、惊异的意思。惊讶，它应该是先从眼睛开始的，因为只有眼睛看到了某些意外的场景，人们才会露出惊讶的表情。因此，在“惊讶”这个表情中，我们可以感受到对方目光中的不可思议。

心理学家分析，假如没有特别意外的场景出现，我们眼里是不会露出惊讶表情的；假如生活中的某些事情是按照正常秩序发展的，我们也不会惊讶。能够让我们露出惊讶表情的，那一定是意想不到的事情，就是我们想破脑袋也想不出来的事情。这样的事情被我们称为意外的刺激，一旦大脑接受到这种信息，我们本来正常的目光会变得不可思议，与此同时，我们还会摇晃头部，以此配合“不可能”、“不可思议”的表情。当我们在一个人的眼睛里看到了不可思议的目光，可以断定，这个刺激源是他没有想到的，引起了他的警觉，这样的刺激源是有分析价值的。

小月是公司的总经理，大学毕业至今，她一直就职于这家公司，从一个普通的小职员坐到了公司总经理的位置，这对于小月而言，是很不容易的。相比那些依靠关系进入公司的同事，她更珍惜自己现在的成绩。

然而，在公司周一的例会上，她却意外地遇到了一个人。在开会之前，董事长就把小月叫到了办公室："今天我们公司来了一位新同事，未来你和他就是咱们公司的左膀右臂，我希望你们能好好相处，争取把公司做好做大。"小月点点头，不过，令她没有想到的是，这位即将到来的新同事就是自己昔日的好友——娜娜。当董事长将娜娜介绍给自己时，小月的眼睛睁得很大，目光里满是惊喜，她没想到毕业这么多年以后还会再见昔日的朋友。而娜娜的目光里也满是不可思议，她没想到，昔日那个自己看不起的"农村丫头"竟然摇身变成公司的总经理，伴随着不可思议的目光，娜娜不自觉地摇摇头。不过，两个人的惊讶的目光只是一闪即逝，随后便给对方一个示意的微笑。

在两个人碰面的一刹那，彼此目光里满是不可思议，但含义却是不同的。小月所惊讶的是，竟然在多年以后还能见到自己昔日的朋友，那是一种惊讶和喜悦的复杂情绪；而令娜娜不可思议的是，自己曾经看不起的"农村丫头"竟然摇身变成公司总经理，这是纯粹的惊讶情绪。

心理启示

心理学家提醒女性朋友们，当一个人的内心涌动着惊讶的情绪时，最先呈现出来的应该是其眼神。不可思议的目光、扩张的瞳孔，都使整个表情看起来更生动、更形象。眼神所传递出来的信息是复杂的，同时也是最直接的，因为清澈的眼睛是无法骗人的。如果我们想判断对方是否正处于惊讶的情绪中，首先观察其眼神是否放射出不可思议的目光，继而判断他是否处于惊讶之中。

惊恐的表情

惊恐，也就是惊讶和恐惧的组合表情，这与惊喜是相反的表情呈现。当一个人面对一种意外情况，他并不能分辨出这个情况对自己是有利还是不利，至少在短短的几秒内是没有办法分辨的。于是，他会根据经验先深深地吸一口气，所以嘴巴会微张，同时，大脑快速思考：如果这件事对自己不利，甚至会给自己带来威胁，那就选择逃跑或正面迎接，但若真的要付诸这样的行动，肯定会大费周章，因此，此时可能保持面色不动，心里却在想对策。这就是惊恐情绪所产生的情境，惊讶之后会露出恐惧的表情，那一定遇到了对自己不利的情况。

停电了，小慧摸索着进了储存室，她想也许在那里可以找到几只蜡烛呢。但令她懊恼的是，手机竟然没电了，只好借着打火机微弱的火光前进，而且，因为蜡烛烫到了手指还需要停一会儿，这样整个屋子又处于黑暗之中了。

终于打开抽屉了，记得几个月前买的蜡烛就放在这个抽屉里，小慧已经迫不及待地想伸手去摸蜡烛了。但偏偏在这时，手指因被蜡烛烫到，一失手，打火机一下子掉在了地上，这下整个房间彻底黑了。小慧低下头，在地上摸来摸去，怎么也摸不到打火机，到哪里去了呢？小慧一边自言自语，一边继续摸索，忽然，她摸到了一个毛茸茸的东西，这是什么呢？小慧眉头上扬，上眼睑上升，嘴巴微张。

这时，她的另一只手摸到了掉在地上的打火机，“扑哧”一声，火苗燃了起来，她将光照到自己的那只手上，顿时，她眉毛低下来，眼睛睁得很大，因强烈的恐惧感使得她后退了几步，她看清楚了，那估计是一只死了几天的老鼠。“啊……”小慧大叫起来，慌忙跑出了储存室，把拿蜡烛的事情忘得一干二净。

当惊讶情绪呈现为表情的时候，小慧还是一种对未知世界的新奇感。

这是什么呢？她脑中打个问号，眉头上扬，上眼睑上升，嘴巴微张。当她看清楚那是一只死老鼠的时候，顿时恐惧感袭来，因强烈的恐惧感竟使得她待在原地，继而大叫一声跑出去，竟然忘记了要找蜡烛这件事。

心理启示

心理学家告诉女性朋友们，惊恐，也就是在不足1秒的快速惊讶之后，发现刺激源具有压倒性的威胁，甚至可能直接对行为人的安全产生很大的伤害，从而产生惊恐的情绪。这时我们会在对方的面部上看到由惊讶转为恐惧的表情：先是眉毛上扬、上眼睑上升、嘴巴张开；然后是低眉，这是遭受威胁时的表情，眉毛上下挤压的形式，是面临外界攻击时典型的逃避反应。瞳孔张大，眼睛睁得更大，甚至目光中满是恐惧之感，由于担心自己因恐惧过度而叫喊起来，有的人会不自觉地用手捂住自己的嘴巴，似乎这样就可以安抚自己受威胁的内心了。

胆战心惊的表情

胆战心惊是一种饱满的恐惧情绪，也就是非常害怕。女性朋友会发现，当一个人极度恐惧的时候，其脸色是苍白的，浑身是无力的。实际上，出现这样相应的情况是可以解释的：在医学上，如果患胆病，胆气就会上扰心神而出现心悸不宁，惊恐畏惧，嗜睡或不眠等症状。当人们受到外界的惊吓或刺激时，胆子较弱的人会引起胆汁失调，导致心惊胆战，然后通过神经细胞传到大脑，由大脑通到全身，这时不仅会心惊，还会全身发抖，出现慌张恐惧的状态，诸如脸色苍白，浑身无力。

这天，闲来无事的小娜和朋友决定去游乐园玩。由于游乐园已经去过很多次了，每次都玩那几个项目，小娜都没新鲜感了。她觉得这次一定要玩个刺激的，听说“鬼屋子”还不错，那里面是人为制造的恐惧，听起来就蛮刺激的。

买了票，小娜和朋友就壮着胆子前进了。那是一条凹凸不平的道路，没有一点光亮，小娜紧紧牵着朋友的手，胆战心惊地向前走着，这时，突然从右边闪出一个人样的东西，小娜吓得尖叫一声，急忙躲到了朋友的身后。朋友开玩笑：“你刚才不是挺胆大吗？怎么，现在就不行了。”小娜感觉自己手心里全是汗，幸亏自己是跟朋友一起来的，否则非吓晕不可。不过，这仅仅是前奏，一会儿飞来了一个白衣鬼面人，一会儿传来一阵恐惧的声音，还有一些血腥的画面，在前进的过程中，小娜尖叫声连连，到最后，她惊恐得已经发不出任何尖叫声了。

总算出了那狭窄的洞穴，这时朋友才发现：小娜满脸苍白，没有一丝血色，浑身软绵绵的，整个人就好像虚脱了一样。如果不是朋友及时地扶住她，估计她会马上摔倒在地。

心理学家认为，人的胆不仅主决断，而且还与心主神密切相关。尽管，人的精神活动由心主管，但其他脏腑也参与其中，不同的脏腑所起的作用也是各不相同的。可以说，心对精神活动起主宰作用，而胆则起决断作用。胆战心惊，是因恐惧所引起的脏腑反应，比如吓坏了胆，心悸不宁等，都是情绪反应。这时因胆和心都受到了恐惧情绪的影响，反映在其身上则是脸色苍白，不带一丝血色，浑身无力，像经历过一次恶斗一样。

心理启示

心理学家提醒女性朋友们，当内心的恐惧情绪达到极点的时候，其身体会出现病状的反应：脸色苍白，浑身无力。这是因为在某些时候，情绪是可以影响一个人的身体健康状态的，当某种负面情绪达到一定程度的时候，身体会出现一些诸如病状的反应，这就是为什么当一个人胆战心惊的时候，会脸色苍白、浑身无力。

厌恶的表情

心理学家告诉女性朋友们，厌恶也是有程度之分的，稍微轻一点的包括不屑、轻蔑，而强烈一点的就是厌恶，接近了厌恶的饱满情绪。当然，常见的厌恶情绪，诸如讥笑、不屑、厌烦等都包括了厌恶情绪的微表情特征，只是在数量和程度上存在细微的差别。

小丽在办公室是出了名的“大嘴巴”，自然成为不受大家欢迎的对象，因为她总是把别人的私秘当作自己的谈资，这种特别的“嗜好”又怎么会受到别人的喜欢呢？

这天，小丽又在办公室开始发挥“大嘴巴”的作用了：“哎，你们先别忙着工作，我有重要消息公布，昨晚下班回家，你猜我看到谁了，我竟然看到了经理开始送秘书回家，嗨，两人就站在门口谈了大半天，我猜两人之间肯定有不可告人的秘密。”听到这样的“劲爆新闻”，同事们似乎并没有什么反应，一向自诩不管闲事的小张笑了笑，不作回应；而曾经深受小丽“大嘴巴”伤害的小雯，斜看了她一眼，鼻子里发出一个“哼”，心想：像这种没大脑的人，经常拿别人的隐私作乐，自以为多了不起，遭殃的时候还在后面呢。而公司秘书的表妹恰好也在办公室，她于是站起来，双眉下压，面部起了一些褶皱，摔门而去。

心理学家对此进行分析：小张的厌恶表情是最轻微的，因为刺激源对自己丝毫不构成威胁，他只是冷笑两声；曾经被小丽中伤的小雯的厌恶情绪明显加重一些，因为有着相同的遭遇，她自然更加厌恶这样的行为；厌恶情绪程度最重的就是秘书的表妹，毕竟谣言涉及的对象是自己表姐，对背后说自己表姐坏话的人应该是憎恶至极，因此她双眉下压，面部肌肤起了一些褶皱，这表示了其内心的厌恶，甚至很快转变为愤怒，马上摔门而去。

1. 很轻松地否定

心理学家认为，假如人们所听到或看到的刺激力度比较弱，难以激发出厌恶的情绪，只会让人产生不屑的情绪，也就是完全轻视，除了看不起之外，根本不用花费力气去憎恶。简直不屑一顾，连看都懒得看一眼，这是一种轻微厌恶。而且，由于内心完全放松，还会引发笑意，比如冷笑、讥笑，其面部表情是轻松的。

2. 中等否定

心理学家表示，当我们所看到的刺激力度加强，就会让人产生轻蔑的情绪。这种情绪包含两层意思：一是觉得不怎么样；二是不想看到，太讨厌了。轻蔑的情绪表达了当事人对所讨厌的人或事产生了极度排斥感。这是一种发自内心的排斥，心态要稍微沉重一些。

3. 用力否定

假如所见或所听带来的刺激力度很大，就会让人产生强烈的厌恶情绪，这表示当事人十分讨厌刺激源，并试图远离。与愤怒情绪不一样，当厌恶达到极点的时候，当事人不会有消灭刺激源的想法，他只是单纯地讨厌，很想远离这个刺激源，远离所有与此有关的关系。

心理启示

心理学家认为，在现实生活中，像饱满的厌恶情绪是不会出现在人们的面部表情中的，也很少会有这样夸张的外在表现，除非是故意表演给别人看的。比如，当女性朋友听到某个人说完某件事情后，为了配合其言语，她会故意作呕，但这并不是真的厌恶情绪。因此，在现实生活中，那些由真实情绪所引发的厌恶表情，则保留了呕吐动作的脸部结构形态，不过，与呕吐相比，其表情呈现方式温和了许多。对此，不同程度的厌恶都会表现为不同的表情形态。

第 10 章

习惯动作：日常行为表达的真实心理

心理学家认为，每个人的想法、弱点、秘密、策略、内心世界等，都会通过人们的日常行为显露出来，而女性朋友们在与人交往时，总会有意或无意地揣摩对方的心思，了解对方的为人。这时，你就可以依据对方的行为特点来读懂他们。

打电话姿态显露其性格

我们正处于一个科技日新月异的时代，为了快速获取一些重要的信息，越来越快捷的沟通方式逐渐被人们所认可，现代化交通工具也层出不穷。其中，最快捷、使用率最频繁的就是电话。许多人认为打电话不过是最普通的事情，能看出什么端倪呢？其实，每个人打电话时的行为、动作都不一样，被烙上了深深的个性印记。在公司走廊或者办公室里，经常看见有人煲电话粥，如果你仔细观察，就能从他人打电话的姿态看出其性格。打电话，看似一件最普通不过的事情，其中却隐藏了一些秘密。另外，电话交流与面对面沟通大相径庭，人们逐渐养成了一些特定的行为与习惯。而这些行为或习惯正是一个人性格的反映，他们不经意间流露出的恰恰能体现对方的性格。

打电话的方式多种多样，下面心理学家就几种常见的方式，逐一剖析一个人的性格特征。

1. 打电话时乱写乱画

有的人打电话时习惯信手拿一支笔在纸上乱写乱画，他们并不是胡乱写画，而是包含一定的东西。心理学家认为，虽然，这样的行为看上去很随意，却显露了隐藏在其身上的艺术才华。这样的人有着丰富的想象力，有艺术家的潜质，不过，在很多时候，由于他们的很多想法并不切合实际，因此，难以成为艺术家。虽然如此，天性乐观的他们能坦然面对。

2. 打电话时喜欢四处走动

有的人打电话从来不会站在同一个地方，他们总是在办公室里走来走去，或者绕着电话来回踱步。心理学家分析认为，这样的人不喜欢刻板地工作，追求身心的自由和洒脱。如果有两份不一样的工作摆在他们面前，他们宁愿放弃高薪工作。在他们看来，在一个相对自由的环境中才能好好工作，从而将自己的能力发挥到极致。他们有强烈的好奇心，无法面对单调枯燥的工作，那些新鲜的东西总能激起他们浓厚的兴趣。

3. 打电话时喜欢诉苦

有的人平时不怎么打电话，但一打电话就会向他人诉说自己的苦闷。心理学家表示，这样的人大多是女性，在工作有了压力或者遇到了难题，她们就会躲到一个僻静的地方，打电话向朋友诉苦。她们个性比较乐观、坦率，心中有了事情就找人诉说，不喜欢藏着掖着。有时候向朋友诉苦，在她们看来，这是解压的有效办法之一。

4. 打电话时喜欢用笔拨号

有的人打电话时喜欢用身边的笔拨号，显得与众不同。心理学家分析，这样的人时刻处于一种紧张状态中，有时候，可能在忙碌中接听了电话，而还没来得及放下手中的笔，不过，这恰恰显露出他急躁的个性。

5. 打电话时喜欢煲电话粥

有的人一打电话就是几个小时，哪怕在工作的间隙，他们也能侃上半个小时。心理学家认为，这样的人时常感到忧郁和压抑，急切希望找个对象倾诉一下。他们喜欢争强好胜，打电话的时候，不管对方喜不喜欢听，总是没完没了，有一种不达目的不罢休的架势。

6. 打电话时没有任何习惯

有的人打电话时没有什么特殊的习惯，一切都是很自然的。心理学家表示，其实，这样的人并不是性格不明显或没有性格。他们有较强的自信心，对自己的生活与工作应付自如。他们树立了远大的志向，能够实现自己的梦想。他们天生善良，能够谅解他人，在他人有困难时也能大方给予帮助，是一个值得结交的朋友。

7. 打电话时喜欢玩弄电话线

有的人打电话时，双手总是不闲着，喜欢玩弄电话线。心理学家认为，这样的人喜欢幻想，对于生活和工作有着美好的憧憬。他们个性倔强，多愁善感，常常令身边的人小心翼翼。不过，使用这种方式打电话的大多是女性。

心理启示

电话是一个人对外交流最常用的工具，从电话的接听、挂断等简单动作姿态上，能判断出对方的性格特征。在日常沟通中，无论是女性朋友自己还是其他人，所接触比较多的就是电话。比如，工作中，利用电话与客户联系，或者将工作情况汇报给上司，或者同事之间互相联系，或者是在角落里偷打私人电话，等等。可以说电话与我们的日常生活密不可分。心理学家建议女性朋友们可以观察一下，每个人都有自己的一些小动作，比如有的人习惯在走动中接电话，有的人打电话时习惯乱写乱画，有的人习惯将听筒贴住耳朵，有的人习惯以最自在的姿态打电话，等等。在这些习惯性的动作中，我们可以看出一个人内在的性格特征，以此达到识破人心的目的。

衣着打扮是其内心的真实流露

曾国藩说："有感于内，必形于外。"一个人的个性心理往往透过外表，举止衣着来显现，先有三分气象，话未说出口已有七分先机。简单地说，由表识人的第一步就是通过着装习惯来识人本性，因为一个人的服饰习惯常常反映其个性和心理。心理学家认为，服饰是一种不说话的物体语言，它传递着人的意向、性格、爱好、兴趣以及个性等多方面信息。正因为着装习惯显示了一个人的个性以及心理，因此，不同个性的人，其着装习惯自然就不同。比如，自由随意的人经常穿牛仔服、宽松式的衣服；一本正经的人经常穿西装、打领带；性格粗犷的人经常歪戴帽、挽裤管；冷静的人经常穿黑色衣服，等等。许多女性朋友并未意识到，自己的穿着习惯，包括服饰的颜色、质料、款式等，都会将自己的个性心理一览无余地显示出来。

现代社会，人们对于服饰的选择更加多样化，人们主张显示个性，所以，服饰的颜色与款式越来越丰富，也越来越张扬个性。心理学家分析，其实，不同个性的人有不同的穿着习惯，只要我们留心观察，就会从各式各样的服饰中窥探一个人内心的秘密，了解其个性，从而把握其性格特征。朱利安·鲁滨逊曾说："衣着和修饰可以反映一个人的性别、民主、年龄、社会经济地位、职业、个性、爱好和价值观等，衣着打扮可以起到美化自己、表现内心世界和达到某种特定交际目的的作用，可以体现人们对自己的社会角色和周围世界的不同态度。"由此可见，服饰行为本质上是心理的一种反映。

在小说《红楼梦》里，有这样一段关于服饰的描写：

黛玉换上掐金挖云红香羊皮小靴，罩了一件大红羽纱面白狐狸里的鹤氅，束一条青金闪绿双环四合如意绦，头上罩了雪帽。二人一齐踏雪行来。只见众姊妹都在那边，都是一色大红猩猩毡与羽毛缎斗篷，独李纨穿一件青哆罗呢对襟褂子，薛宝钗穿一件莲青斗纹锦上添花洋线番丝的鹤氅，邢岫烟仍是家常旧衣，并无避雪之衣。一时史湘云来了，穿着贾母给他的一件貂鼠脑袋面子大毛黑灰鼠里子里外发烧大褂子，头上戴着一顶挖云鹅黄片金里大红猩猩毡昭君套，又围着大貂鼠风领。

黛玉先笑道："你们瞧瞧，孙行者来了。他一般的也拿着雪褂子，故意装出个小骚达子来。"湘云笑道："你们瞧瞧我里头打扮的。"一面说，一面脱了褂子。只见他里头穿着一件半新的靠色三镶领袖秋香色盘金五色绣龙窄小袖掩衿银鼠短袄，里面短短的一件水红装缎狐肷褶子，腰里紧紧束着一条蝴蝶结子长穗五色宫绦，脚下也穿着小皮靴，越显得蜂腰猿背，鹤势螂形。

曹雪芹细致描写了人物的服饰，以此来辅助刻画人物的个性。比如，黛玉的打扮透着自然率真、不俗；而李纨的打扮则蕴含了她一生清苦的命运；史湘云的打扮透露出她无拘无束、大大咧咧的性格；薛宝钗的打扮透露出她落落大方的个性，而且，不俗的打扮与她城府较深的个性相符。

1. 宽松自然的穿着习惯

有的人不喜欢那些剪裁合身、款式入时的服饰，心理学家认为，这样的人性格大多内向，他们常常以自我为中心，生活在自己的世界，难以融入人群。很多时候，他们也会尝试与人交往，但在交往过程中总会出现这样或那样的摩擦，最后只好作罢。因此，他们身边没有什么朋友，但如果有那绝对是真心朋友，由于性格比较羞怯，他们不太喜欢主动接触别人，当然，别人也不容易接近他们。

2. 习惯穿时髦服饰的人

有的人就是选择时髦服饰，他们可以不在意自己的嗜好，甚至，他们连自己也说不清楚到底喜欢什么样的穿着。但是，在服饰上面，他们只是以流行为嗜好，跟着时尚走。心理学家表示，这样的人缺乏自主意识，对许多事情没有主见，其内心是孤独的，情绪也容易出现波动。

3. 习惯穿简单朴素衣服的人

心理学家认为，这种穿着习惯的人，性格大多比较沉稳，待人真诚而热情，有较好的人缘。他们做任何事情都认真、踏实，无论是工作还是学习，他们都能理智、客观地对待。如果对方穿着过于朴素，则表示对方缺乏自我意识，在某些方面常常需要依赖他人，个性比较软弱，容易屈服他人。

4. 习惯穿华丽服饰的人

在人来人往的潮流中，你会发现某些人的穿着总是那么刺眼，他们总喜欢穿那些华丽的服饰。心理学家认为，这样的人有较强的自我表现欲，他们喜欢金钱，他们选择华丽的服饰主要是为了显示自己在物质方面的优势。对于这样的人，你应该多夸奖他们的华丽服饰，满足其虚荣心理，这样，他们一定会对你产生好感。

心理启示

郭沫若说："衣服是文化的表征，衣服是思想的形象。"意思是说，人们通过穿着打扮来向外界展示自己。这是一个张扬个性的时代，人们在穿着打扮上往往不拘泥于形式，因此，人们可以更加充分地展示自己的心理状况、审美观点等，而女性朋友们自然而然地就把握了他们的个性以及心理。

言语习惯暴露其心理

心理学家说："人类有两种表情，一种是出现在脸上的表情，另一种是出现在说话方式里的表情。"原来，一个人的说话方式也可以显露其心理倾向性，女性朋友可以通过对方说话的话语、风格、速度以及相应的动作等方面来观察，以此识破对方的真实内心。在日常生活中，每个人的说话方式都不一样。而一个人的说话方式在一定程度上直接反映了其心理倾向。女性朋友可以通过对方的说话方式，来判断其个性特征。说话是一种方式，是一种学问，更是一种艺术。那么，说话的方式不同，受人们欢迎的程度也就有所不同。说话的方式有许多种，有直接的，有间接的，有委婉的，有动听的。其实，说话方式可以以不同的标准来划分，如果说具体的说话方式有哪几种，这很难区分出来。不过，心理学家可以明确的一点是，一个人的说话方式附带其心理倾向的印记，这是不能否认的。

潘石屹直言："有三种，第一种是说真话；第二种是不说话；第三种是说假话。"对此，他在《对说话方式的小结》一文中这样写道："我认为这是一种很好的习惯：'少用嘴，多用耳朵，多用脑子。'与之相反的，有些人讲话没完没了，一分钟也停不下来，这种人大家都叫他'话痨'，'痨'就是一种病，这种人的多话其实就是一种病态的反应。最后一种不说话的情况就是用沉默来对抗，来表示自己的不满，此处无声胜有声，是一种无声的反抗。"

后来，他讲到一位同行要对某些事情说一些拍马屁的话，则说："那就别说了吧！何必在压力下说出言不由衷的假话，这也不是你一贯的风格，别人也会看出来的。相反，也会让被你拍马屁的人和旁人小瞧你。”如此看来，说话方式是一个人品性的印记。潘石屹作为活跃于房地产的大亨，他的说话方式为其赢得了强大的支持力，而他倾向于说真话。因此，他对于自己的说话方式这样总结道：“少说，多听，要说就说真话，而且说真话时要有磋商的精神。”

有的人说话声音比较大，而有的人说话声音比较小；有的人说话速度快，有的人说话速度很慢；有的人说话惜字如金，有的人说话声音打颤。而那些不同的说话方式显露其不同的心理倾向，这似乎能代表大多数人的说话方式。

1. 说话速度快的人

有的人说话速度很快，像打机关枪一样。心理学家认为，这样的人大多比较活泼，思维敏锐、感觉灵敏，对于别人的言行话语领悟较快，反应敏捷、迅速。不过，有时也会因“快”而惹出不少麻烦。由于反应比较快，有时会在对方没有说完的情况下轻易下结论，导致对他人的误解；有时还没有想好怎样回答就脱口而出，导致自己陷入困境；有时他们会在对方试图解释的时候打断对方，导致矛盾激化或者不欢而散。

2. 说话速度慢的人

说话速度慢的人，心理学家认为，这样的人比较沉稳。他会时刻把自己的情绪掩饰起来，不会在别人面前表现出大喜大悲。他们在处理事情的时候，尽量考虑周全，希望做到万无一失。而且他们一旦认准了奋斗的目标，就绝不轻易放弃。虽然有股“倔”劲，但是天性做事沉稳的他们却总是碰到好运气，很少会失败。

3. 说话声音大的人

一般来说，说话声音大的人常常口无遮拦，是一就说一，是二就说二，绝不把话掖着、藏着，如果想让他们把话憋在心里简直比登天还难。而他们大都开朗大方、直爽，是有点莽撞。

4. 说话声音小的人

心理学家分析，说话声音小的人，各有各的特征。有的人习惯凑到你的耳边窃窃私语，这样的人喜欢窥探他人的隐私，还经常是流言蜚语的制造者；有的人说话时神神秘秘，左顾右盼，这样的人口是心非，度量狭小；有的人说话不紧不慢，声音虽小，但字字都能清晰地传到你的耳朵里，这样的人比较有心机，但心态略显沉稳，是值得委以重任的人。

5. 说话时声音发颤的人

有的人说话时声音发颤，甚至全身上下一起发抖，这并不是与生俱来的或者只有唱歌时才发出的颤音。心理学家表示，他说话时声音发颤显示其内心非常紧张，他处于一种高度的焦虑状态，他希望尽早结束自己的发言和谈话，这种人其实是极度不自信的。

6. 说话惜字如金的人

有的人说话惜字如金，别人说了好多话，他才回答一两句，似乎对你的问话无动于衷。心理学家表示，他们常常给人的感觉就是很不礼貌、目中无人，其实不然，他有可能真的不善言词，而是习惯默默地做好自己手头的事情。如果非要他开口说话，他只能简单地说几句，虽然语句不多，音调变化不大，语言也很朴素，但是这些都是他的心里话，细细品味，就一定会让你信服。

心理启示

心理学家提醒女性朋友们，每个人的说话方式各不相同，就说话方式本身而言，无所谓好坏，无所谓优劣。有的人说话比较流利，说话时轻巧灵活，处处传达出亲切之意，说来则是娓娓动听，此类说话方式以技术见长，似乎带着某种外交辞令；有的人说话比较激切，不避讳，不避嫌，可谓知无不言，言无不尽，此类说话方式以率直见长，颇像忠臣的方式；有的人说话，喜欢讲高深的理论，随手印证，可谓旁征博引，此类说话方式以博学见长，似乎是饱学之士；有的人说话从小处着眼，就一般的家常小事，也能说上半天，此类说话方式以琐事见长，适合富于经验的人。当然，如此分析而来的说话方式似乎并不全面，也不能代表大多数人的说话方式。

通过阅读习惯窥探其个性

心理学家认为："读书不仅能增加一个人的知识和修养，还能在某种程度上反映一个人的性格和心理，比如阅读习惯。"在生活中，基于每个人的不同个性，其阅读习惯也不一样。有的人拿到书就开始兴奋起来，不管自己是否感兴趣，从头看到尾；有的人则不一样，拿到了书和报纸，总是先翻看自己感兴趣的文章，然后再慢慢浏览那些不那么感兴趣的标题；还有的人买了书，扔在一边，总是隔了很久才翻出来看，等等。

小乐喜欢买报纸，几乎天天买，要是哪天忘记了买报纸、阅读报纸，她就浑身不自在。而且，只要一拿到报纸，她就忘记了自己身在何处，必须先把报纸的各个版面的内容了解清楚，即使时间紧迫，老板马上安排工作，她也先把报纸看了再说。

或许是因为看得报纸比较多，她善于言辞，经常给同事们讲一些稀奇古怪的事情，若有人问："你这是从哪儿听来的？"她准会回答："看报纸呗，那还不简单。"她个性开朗，喜怒形于色，凡事喜欢凑个热闹，反应灵敏，办事积极周到，能适应各种环境。不过，她总喜欢按照自己的想法做事，听不进他人的意见，同事们都说她犟得像头牛。

小乐的阅读习惯是属于"兴奋型"，诸如此类的人一旦接触了阅读物，总是忘记了自己要干什么，一定要先把内容了解清楚才有精力去干其他的事情。他们常常一边拿着书，一边干其他事情，因为这样的阅读习惯没少被家里人说、被老板批评，但依然无法削弱他们对书的热情。这样的人性格开朗，活力四射，内心的情绪常常表现在脸上，喜欢热闹的地方，办事靠谱，喜欢追求新鲜的事物。

下面，心理学家简单地列举几种常见的阅读习惯，以此来剖析他人的内心。

1. 兴趣型

有的人拿到了书籍或报纸，会先看个大概，然后选择自己感兴趣的内容。在生活中，如果看到身边的人看自己感兴趣的书籍，他们也会夺过来阅读。不过，一旦发现那并不是自己感兴趣的书籍，则会搁置一边，偶尔拿过来打发时间。

心理学家认为，这样的人大多性格外向，积极向上，有幽默感。他们不甘寂寞，常常约上几个朋友一起出去玩，忍受不了一个人待在家里的苦闷。他们善于交际，有较强的组织能力，有领导的天赋。不过，他们做事缺乏细致，常常敷衍了事，马马虎虎。

2. 慢慢享受型

有的人买来书和报纸后，总是先把它们放在抽屉里或桌子上，他们想把手中的事情做完，然后在没有其他人打扰的情况下，仔细阅读，不错过每一篇，每一段，每一句话，甚至每个标点符号。

心理学家表示，这样的人大多性格内向，沉默寡言，喜欢静静地享受一个人的世界，不善言辞，但能将心中的热情投入到实际工作中。他们有较强的自我约束力，做事认真，在工作中能独当一面，对交际应酬不感兴趣。

3. 随意型

有的人买书只是为了装饰，而不是为了阅读。通常情况下，他们兴致勃勃地买来书籍，随便往书架上一扔，等自己空闲了才拿出来看，把阅读当作解闷、排遣的途径。心理学家认为，这样的人性格大多比较内向，多愁善感，经常会被电视里的情节或书中的描述而感动落泪。由于内心的不确定，使得他们常常陷入犹豫不决的情境中，缺乏魄力。他们不善于交际，没有多少朋友，时常孤芳自赏。不过，他们的想象力比较丰富，能够考虑到他人的难处，为人憨厚老实，对于他人的请求从不拒绝。

心理启示

心理学家表示，阅读，看似一件很普通的事情，但不同的阅读方式，却产生不同的效果，而这些习惯恰恰能透露出个人印记，蕴含了其真实的内心世界。所以，在生活中，女性朋友们完全可以通过对方的阅读习惯来了解其真实的心理。

下篇

应用行为心理：解读不同行为的心理密码

心理学家表明，在人际交往中，无声语言信息，即“身体语言”信息要比有声语言信息的内涵多五倍。当两者自相矛盾时，凭身体语言传递的信息作出判断最为准确。当然，女人不仅需要深谙行为心理学，而且还需要将此灵活运用到现实生活中的各种场合与情境。

第 11 章

女人要懂撒谎时的行为心理密码

很多时候，一个人的行为是可以伪装的，不过其心理却是异常真实的。在生活中，女性朋友们要善于识别人心，可以通过细微表情或动作来观察对方，通过这些判断对方言语背后的真正心理，然后判断对方是否在撒谎。

细微表情背后的言语真实性

在美剧《别对我撒谎》中，主人公卡尔用一种意想不到的方法轻松破案，在一个小故事中，没有逼供，没有物证，只是和爆炸案嫌疑人聊了一会儿，捕捉到了对方耸肩、吸鼻子等几个转瞬即逝的表情、动作，便以此为线索找出了爆炸物的安置点，这样的识别无疑令人目瞪口呆。

或许，女性朋友会疑惑：他凭什么线索破案呢？心理学家给出了答案：微表情。即使表情是可以伪装的，但一闪即逝的微表情却是异常真实的。善于识别人心的人，他们往往利用脸部细微表情动作分析观察者的肢体语言和微表情，通过这些判断对方言语背后的真正意思，然后判断对方是否在撒谎。

在生活中，如何才能捕捉到一个人的细微表情呢？

1. 察言观色

心理学家认为，你可以通过察言观色来判断对方所说是真是假，有可能是一个细微的动作，有可能是一个眼神，也有可能是一个笑容。那些从他脸上、身上表现出来的表情或动作，都在随时地告诉我们他内心究竟在想什么。

2. 观察对方表情是否前后一致

心理学家分析，微表情是一种非常快速的表情，持续时间仅仅为1/25秒至1/5秒，正因为这样，大多数人往往不易察觉到它的存在。但是，如果我们观察得非常仔细，还是能够从表情的变化之中搜索到一些细微的差别。比如，当一个人咬紧双唇，保持沉默的时候，你会发现他紧握拳头，这表示他内心是极其愤怒的，但却强忍住。如果此时他说：“我没生气。”则是违心的。

心理启示

心理学家认为，人与人交往中，有90%的非语言信息来自面部，眼、眉、嘴、面部肌肉的细微变化，都会传递出不同的信息。其中，眼睛集中了面部表情的大部分信息，从眼神中有时可以判断出一个人是坦诚还是心虚，是诚恳还是伪善；而瞳孔扩大，表示其内心的兴奋，瞳孔缩小，则表示其内心十分厌恶。

典型的假笑表情

笑是人们生活中最常见的表情之一，因为生活中不能没有笑声，否则，人们就容易患病。然而，那些形形色色的笑容并不都是发自内心的。嘴角上翘、眼睛眯起、露出笑容，这就是笑容。在这些常态的笑容背后，到底映射着哪些心理活动呢？在微笑中，女性朋友们如何才能看穿对方的真语与谎言呢？

人们撒谎时为什么会露出笑容呢？或者说，为什么会借助笑容来掩饰自己呢？当人们说谎时，第一感觉就是不要被人发现，因为撒谎本身对别人而言是带有欺骗性的，但如何才能掩饰自己那些不小心露出的微表情呢？笑容，也只有笑容才能掩饰那些微表情，在人们看来，笑容是毫无威胁性的，如果撒谎时露出笑容，那不仅仅可以欺骗对方，而且还能够让对方对自己产生好感。所以，在生活中，我们不要总认为笑容就是善意的，而应该学会读懂笑容背后的秘密，比如，有的笑容是用来掩盖谎言的。

早上，小张上班时在电梯里碰到了经理秘书小雯。小张想起了昨天的考核，心想，小雯肯定知道结果，不妨问问她，自己心里也好有个底。

于是，小张打了个招呼："早啊。"小雯礼貌地回应："早。"小张接着说："这两天很忙吧。"小雯回答说："是的，你们最近正在考核，需要资料都需要收集，所以每天还得加班。"听到这样的回答，小张一阵高兴，没准她真的知道考核的结果呢。接着，小张有些兴奋地问："那你肯定知道考核结果了，你知道我的情况怎么样吗？先给我透露透露，我也好放下心。"小雯笑了："你们的考核结果是机密，这样的事情我肯定不知道了，我只是负责收集资料。"小张有些泄气："肯定是你自己不想说。"小雯笑了，回答说："我还真的不知道。"

电梯到了，失望的小张走出电梯，紧接着小雯也走了出来。小雯舒了一口气：真危险，再继续说，我可要露出破绽了。原来，小雯知道考核的一些事情，但经理再三交代，不等总的结果出来，不能随意泄露。为了守住这个秘密，小雯只好假装一副笑脸，在小张面前撒谎了。

当人们撒谎的时候，需要找一个很好的掩饰物，这样才能保持镇定自若。而在案例中，小雯所借助的就是一张笑脸。当她微笑的时候，潜意识里告诉自己：我只是在微笑，我并没有撒谎。以至于自己真的撒谎了，她也会觉得自己没有撒谎，于是乎，撒谎变成了一件极其正常的事情，她就不容易露出破绽了。

有人说，所谓的日本式微笑，也就是职业性的微笑，皮笑肉不笑，这不是发自内心的笑。众所周知，日本人喜欢微笑，微笑几乎成为日本人礼仪中不可或缺的部分。很多到过日本旅游的游客深有感触，比如在街头问路，不管男女老少都会微笑着给你指路，如果到商店买东西，即使你只买一个面包，售货员也会微笑着对你说："多谢，欢迎你下次再来。"

对于如此普遍的"微笑"服务，却有心理专家称"这是典型的假笑"。

假笑，顾名思义，也就是情绪与表情不一致的表情，这表示当事人在撒谎。那么，对于对方所露出的微笑，我们如何判断对方是撒谎还是说真话呢？对此，心理学家将为我们指点一二。

1. 真笑的表情呈现

心理学家认为，真正的笑容是嘴角上翘、眼睛眯起，面部主管笑容的颧骨主肌和环绕眼睛的眼轮匝肌同时收缩。这是因为真心露出的笑容是自发产生的，不受大脑控制。因此，除了发射性地翘起嘴角之外，大脑负责处理情感的中枢还会自动指挥眼轮匝肌收缩，这样使得眼睛变得很小，眼角自然产生了皱纹，同时，眉毛也会倾斜。

2. 假笑的表情呈现

心理学家提醒女性朋友们，虚假的笑容是通过有意识地收缩脸部肌肉、咧开嘴，抬高嘴角产生。这时，眼轮匝肌不会收缩，因为眼部肌肉不受人的意识支配，只有真的情绪流露时才会发生变化。当然，在生活中，有的人假笑很夸张，其面部肌肉会收缩，整个脸挤成一团，给人一种眼睛眯起的假象。不过，这时如果你仔细观察，就会发现其眼角的皱纹以及倾斜的眉毛是无法伪装的。

3. 真笑与假笑的区别：眼睛和嘴巴

心理学家认为，在谎言快被戳穿的时候，人们会习惯性地选择以微笑来蒙混过关。同时，还会出现这样的现象，当一个人撒谎的时候，他的笑容特别多，原因在于撒谎者的内心很不安，他希望借助微笑来缓和自己的紧张情绪，当然，这种虚假的笑容会掩饰自己的谎言，以及达到套近乎、笼络对方的目的。

真笑与假笑的区别在于：正常的笑容，通常都是先从微笑开始的，然后慢慢带动眼睛。虚假的笑容，嘴巴和眼睛则是同时运动，或者是嘴笑眼不笑的表情。

心理启示

美国加州大学心理学家保罗·埃克曼教授和肯塔基州大学的华莱士·V. 法尔森教授经过多年研究，设计出一套识别面部表情的编码系统，能够成功破解人们的真实表情，包括真笑和假笑。通过大量实验证明，内心喜悦所产生的自发笑容，与故意收缩面部肌肉所引起的假笑是不一样的。

不要忽视一闪即逝的表情

不知道女性朋友们是否仔细观察过，在每一个主要显露的表情之中，都有一个细微的表情显现出来。只是，这个表情往往隐藏在面部表情之中，若是不仔细观察，是难以发现其中奥妙的。最为关键的是，那些主要显露的表情之下的细微表情才是其真实情绪的呈现，那些微表情就隐藏在眉宇之间、眼神中、嘴角边，如果不仔细观察，是发现不了的。这样一来，我们就很容易被人欺骗。

梁惠王雄心勃勃，广纳天下贤才。有大臣多次向他推荐了淳于髡，因此，梁惠王频频召见那位颇具才干的淳于髡，而且，每一次都屏退左右与他倾心交谈。但召见了两次，淳于髡都沉默不语，令梁惠王很尴尬。

事后，梁惠王责问大臣："你说淳于髡有管仲、晏婴的才能，我怎么没看出来，他只是沉默不语，我看你是言过其实。"大臣以此话问淳于髡，淳于髡只是笑了笑，回答说："确实如此，前两次我都沉默不语，但我不是故意的，而是另有原因。我也很想和梁惠王倾心交谈，但第一次，梁惠王脸上有驱驰之色，想着驱驰奔跑一类的娱乐之事，所以我没说话；第二次，我见他脸上有享乐之色，是想着声色一类的娱乐之事，所以我也没有说话。"

大臣将淳于髡此番话告诉了梁惠王，梁惠王回忆了当时的情景，果不出淳于髡所言。这时，梁惠王不禁佩服淳于髡的识人之能，也终于相信了大臣所言，开始重用淳于髡。

在这个典故中，淳于髡正是利用了梁惠王流露出来的细微表情，洞悉了其真实的心理，也因此赢得了梁惠王的尊重和信赖。由此可见，观其脸必先观其表情矣，在与人交往的过程中，不要错过对方脸上闪烁的细微表情，抓住它，你才有可能看清对方的真性情。

心理学家提醒女性朋友们，细微表情是情绪的外部表现，这是由躯体神经系统支配的骨骼肌运动，是感情活动的外显行为，它所反映的是一个人的心理。可以说，表情是无声的语言，人与人相处的时候，即使他想掩饰自己内心的想法，也会下意识地从细微表情中表达出自己的情绪。对此，在与人接触的时候，我们需要仔细观察对方的神态，从细微表情中把握对方真实的想法。

心理启示

在所有生物中，人的表情是最丰富、也是最复杂的。据统计，人们的脸部能做出多达25万种之多表情，恰恰是如此丰富的表情使得人与人之间的交往复杂而细腻。在生活中，我们常常发现人们脸上的表情与其内心的情绪恰好相反，这是为什么呢？

其实，这是人们潜意识里不愿意被对方看出自己心理的变化，他们会用看上去比较自然的表情来阻止自己内心情绪的外泄，以此隐瞒自己的真性情。那么，我们是不是就无法识破对方的真实心理呢？当然不是，狄德罗在《绘画论》中说道："一个人，他心灵的每一个活动都表现在他的脸上，刻画得很清晰、很明显。"

虚假表情难掩真实心理

一个人表情的外显通常被认为是"自然流露"，意思是指有所见或有感而发，发自内心的自然本真，显示出的表情举止自然而然，但其中也隐藏了不少真性情，因为虚假的表情难掩真实的神色，你若仔细观察，必会窥探不少秘密。比如，项羽和项籍看见秦始皇游览会稽郡渡浙江，项羽脱口而出："彼可取而代也。"吓得叔叔项梁急忙捂住他的嘴，这表明项羽心直口快，而汉高祖刘邦在见到秦始皇的时候，则说"大丈夫当如是也"，两人截然不同的神色，表明了各自不同的心性。

心理学家说："人的面部表情是人的内心世界的显示器。"一般而言，人们心里感触到的喜怒哀乐都会反映在脸上，一个人高不高兴看他的表情就知道了。但是，并不是每个人的真实内心都反映在面部表情上，有时候，他们为了寻求自我保护，会下意识地隐藏自己的一些真实情绪。不过，只要我们仔细观察，透过细微的表情，一样能捕捉到其中的秘密。

那么，如何从那些虚假的表情中捕捉他人的真实想法呢？

1. 面无表情者

有的人自作聪明地认为"面无表情"就是最自然的神态，其实不然。在日常交际中，许多人会"面无表情"地谈话、交流，轻易不肯说出自己的想法。心理学家表示，其实，他们真实的内心不外乎三种想法：一是敢怒不敢言；二是漠不关心；三是根本不放在心里。当然，也有可能恰好相反，只是对方不愿意让你看出来而已。

2. 皮笑肉不笑

在生活中，有许多人经常会以虚假的笑容来迷惑他人，尤其是那些奸诈的小人，他们不愿意表露自己真实的想法，常常以皮笑肉不笑示人。心理学家分析，其实，此时他们内心的想法恰恰是与脸部表情相反的，可能很愤怒，也可能只想敷衍你，还可能只想亲近你，实际上其内心一点想亲近你的意思都没有。

3. 洞悉对手急躁、不耐烦的表情

心理学家认为，人们在生活中学会通过各种方法来掩饰自己的内心，当然，他们也知道在什么情况下该掩饰什么表情。比如，在商业会谈的时候，有的人总显得急躁、不耐烦，眉毛时常跳动，这表明他们有可能没有诚心跟你合作，只想趁早结束，还有一种可能就是他们只想早点结束会谈而去参加公司的晚会。

心理启示

心理学家提醒各位女性朋友，在生活中，一个人面部所表现出来的各种各样的情感是最吸引人的表情。或许，在对方未开口之前，你就从其面部表情中获得了一些信息，了解到了对方的情绪、气质、性格、态度等。俗话说："看人先看脸。"脸是一个人内心世界的外观，当然，所谓的脸并不是指人的长相，而主要是指面部表情，而且主要是显露表情之下的那些细微表情。

复杂笑容背后的秘密

在人的所有表情中，最常见的应该是"笑容"。在人际交往中，人们对于微笑是最没有抵抗力的。但是，谁能知晓，在笑容的背后或许隐藏着另一张脸呢？笑容也分为很多种，如微笑、轻笑、大笑、羞涩的笑等。微笑是指不露出牙齿的笑容，这是一种会心的笑，有默契的暗示或者表示出事不关己的态度。通常情况下，微笑都是一个比较善意的表情；轻笑的时候露出了上牙，嘴唇稍微咧开，这样的笑容一般出现在招呼新朋友的时候，作为打招呼的一种；大笑通常是人们非常开心的时候所展示的，上下门牙全都露出来，并且发出爽朗的笑声；人们在显得不好意思的时候，就会轻抿小嘴，露出一个羞涩的笑容。当然，这些微笑都是不具备杀伤力的，在这里，我们所要讨论的是另一些隐藏着秘密的笑容。

不知道女性朋友是否听说过，笑容也分真假。笑容所反映的是一种真实的情绪，产生于可以拉动嘴角向上的面颊肌肉。笑容出现的时候，面颊会上扬，眼睛下皮肤会垂下，眼角会出现鱼尾纹，眉毛会下降。而且，真实的笑容所持续的时间只有2~4秒，这才是最真实的笑容。如果不出现这样的面部表情，那只能证明笑容是虚假的。那些虚假的笑容，或者不是发自内心的微笑，其背后都隐藏着不可告人的秘密。有的人是笑里藏刀，有的人是在撒谎，有的人是企图以虚假的笑容掩盖其真实的内心。

下面，心理学家就来揭开人们笑容背后的秘密，分析其真实的心理动机。

1. 笑里藏刀

心理学家提醒女性朋友们，千万不要以为那些喜欢笑里藏刀的女人，就是“整天低着头”、“不敢去正视别人的眼睛”、“目光暗淡隐藏”。其实，并不是这样，现在很多笑里藏刀的女人轻易不会心虚。

但他们还是有一些特征的，主要表现在面部表情上。比如，笑起来的时候，显得不够放松，举止轻浮，言语中有一些不检点的成分；虽然眼光看似真诚，却四处游离，没有办法长期定位；他们唯恐自己的话语中有漏洞，一不小心说错话，因此他们所说的话都是经过认真思考的。

2. 皮笑肉不笑

有的人皮笑肉不笑，他们的笑容并不是发自内心的，而是虚假的。这样的笑容一般出现在一些老谋深算的高层人士脸上，他们大多比较有心机，做事也显得很沉稳。

3. 憎恨时的笑容

人们在愤怒或憎恨的时候也会微笑，这是因为他们不想把内心的欲望或想法暴露出来，就强力克制自己愤怒的情绪，勉强露出一个微笑。在与人相处的时候，如果轻易地流露出愤怒、憎恨、悲哀以及恐怖等神情，很容易招致麻烦，影响人际交往。所以，很多人都是通过微笑来压抑负面感情，表现出喜悦和愉快的神情。

4. 说谎的笑容

心理学家认为，说谎者常常戴着虚伪的面具，因此他们的笑容也是虚假的，他们会利用伪善的笑容来掩饰自己的谎言。美国匹兹堡大学的心理学教授杰夫里·考恩认为“我们可以说出每块肌肉动了多少次，它们停留多长时间才变化的，对方的表现是真实还是伪装的。”无论你面对的人是撒谎还是心虚，你都可以通过对方的笑容来判断其心里的真实想法，因为人们通过说话者虚伪的微笑几秒钟就能戳穿他们的谎言。

心理启示

心理学家提醒女性朋友们，真正的微笑是均匀的，它们在面部的两边是对称的，它来得快，但消失得慢，因为它还牵扯了从鼻子到嘴角的皱纹以及眼睛周围的笑纹。而那些说谎者伪装的笑容则来得比较慢，而且它们出现在面部时是轻微的不均衡的，当一侧不是太真实时，另一侧想作出积极的反应，而眼部肌肉没有被充分调动。这一点我们可以通过观看电影或电视节目来发现，那些电影中的坏人的笑容通常既冰冷，又恶毒，所以永远到不了眼部。

撒谎时的手势语言

心理学家表示，当一个人用手摸嘴巴，表示其试图抑制自己说出那些谎话，即使用几根手指或紧握的拳头遮住嘴巴，这些手势所表现的心理也都是一样的。我们经常会看到这样的电视画面：当强盗或罪犯和其他歹徒讨论犯罪计划，或者遭受警察审讯的时候，常常做出这样的动作。假如一个人说话时遮住自己的嘴巴，表示他有可能在说谎。假如你说话时，其他人用手遮住嘴巴，则表示他们认为你可能隐瞒了某些事情。

没来得及找好下家就辞职的小王，这段时间忙于面试。这天下午，他接到了两个面试通知，都是他比较喜欢的工作。于是，他把一家公司的面试安排在次日上午，而另一家安排在次日下午，中午还有吃饭休息的时间。

可是，面试当天，小王却破天荒地睡过了头，起来的时候已经九点半了。他急忙洗漱，整理面试资料，等赶到公司时已经十点半了。他刚气喘吁吁地坐下，经理就走了进来，没说两句，副总也走了进来，想看看这里的面试情况。

小王一下子紧张起来，在介绍工作经验时不自觉地摸自己的鼻子，尽管他并没有感冒，也不觉得鼻子有多痒。副总脸上露出了不耐烦的表情，小王心更慌了，本来自己昨天做了准备工作的，可是，一紧张全都忘记了。一会儿，副总就出去了，其他面试官问了几个无关痛痒的问题，就匆匆结束了面试。小王明白，这次的面试完全让自己搞砸了。

当人们撒谎时还会习惯性地触摸鼻子，有时只是轻触，几乎令人难以察觉。心理学家赫希称这种现象为“匹诺曹综合征”，这是根据匹诺曹这个著名的童话人物命名的。匹诺曹每次撒完谎，木头鼻子就会变长，对此，赫希指出：“人在撒谎时，鼻子会充血，通过摸鼻子或擦鼻子，这种感觉能够得以缓解。”当然，也有人解释说，摸鼻子更多表现的是紧张的情绪，心理学家弗兰克就表示：“关于撒谎的试验研究表明，摸鼻子并不是一种普通的欺骗信号。”摸鼻子并不是每个人都适用的欺诈标志，它可能只适用于某些人。

心理启示

心理学家发现，那些说谎者撒谎时会下意识地抚摸自己身体的某些部分，其实，他们越这样，就越容易暴露自己的内心秘密。当我们对那些说谎者进行仔细观察之后，就会发现，他们撒谎时会借助一些身体语言，比如，触摸自己或身上的衣物，掩口、摸鼻子，或者不断地拉扯自己的衣角，等等。

如何看穿对方的谎言

一般来说，说谎者都善于掩饰自己，他们都希望自己能够成功地欺骗他人，而独享那种喜悦的心情。其实，只要女性朋友细心观察，就会通过对方的言行举止发现谎言背后的秘密。因为，即使最高明的说谎者，也会出现“百密一疏”的情况。通常情况下，说谎者不外乎就是把自己的谎言掩藏在言行举止中，只要掌握一些技巧，我们就会轻松地判断出对手是否在说谎。在谈判过程中，我们的对手往往将自己的真实内心包裹起来，而呈现在我们面前的是一副虚假的面具，甚至，即使他说谎的时候，如果我们不仔细观察，也很难察觉。

那么，说谎者经常使用的掩饰方式有哪些呢？下面心理学家就介绍几种说谎者常用的方式，以此揭穿对手的谎言。

1. 撒谎的人喜欢触摸自己

心理学家发现，那些说谎者撒谎时会下意识地抚摸自己身体的某些部分，其实，他们越这样，就越容易暴露自己内心的秘密。当我们对那些说谎者进行仔细观察之后，就会发现，他们撒谎时会借助一些身体语言，比如，触摸自己或身上的衣物，掩口、摸鼻子，或者不断地拉扯自己的衣角，等等。

掩口：说谎者为什么想要捂住自己的嘴巴呢？其实，这是由于说谎者潜意识里不想说那些骗人的话而导致的下意识动作，如此细微的举动可谓“欲盖弥彰”。另外，当我们谈论某些事情的时候，对方如果捂住了嘴巴，这表示他对你所说的话题并不感兴趣，只是不愿意当面表现出来而已。

摸鼻子：有的说谎者撒谎时会摸自己的鼻子，有可能他们本来想捂住自己的嘴巴，但觉得这种举止不太合适，通常会在鼻子上摸几下，以此掩饰自己的捂嘴动作，其目的就是掩饰自己在撒谎。不过，并不是所有摸鼻子的人都在撒谎，一般而言，说谎者触摸鼻子的时间很短，而且力度很轻。

拉扯自己的衣角：通常情况下，人们说谎会引起心理上的不平衡，如此，就会导致交感神经功能的微妙变化。那一瞬间，他们会下意识地拉扯一下自己的衣领或者衣角。这时候，如果你细心地观察，就会发现对方十分紧张，随时都有可能爆发。

2. 虚假的笑容

说谎的时候，那虚假的笑容就成了最好的伪装面具。有可能我们的对手在撒谎，那么，我们可以通过对手的笑容来判断其心里的真实想法，因为说谎者脸上所挂的始终是虚假的笑容，他们的笑容无法牵动眼部的肌肉。

3. 表情的闪现

一般情况下，每个人维持一个正常的表情需要几秒钟，它所呈现在脸上的时间既不会太长也不会太短。而对于一个说谎者来说，真实的感情会只会在他们伪装的脸上停留短暂的时间。而且，大部分说谎者会把自己伪装的面部表情维持或短或长的时间，一般而言，任何一种表情如果持续的时间超过了5秒钟或10秒钟，就可能是假的。有的人会极力掩饰自己的愤怒表情，他们尽量使自己的表情呈现出一种相对稳定的状态，比如面无表情；而有的人恰好相反，他们会使自己伪装的表情长时间出现，比如在整个谈判过程中都挂着虚假的笑容。

4. 脸色发红

面部是人们最为直接的身体部位，也是最容易暴露的部分，它是人们传递情感信息的最重要部分。有的人说谎时脸色会发红，如果有人识破了他的谎言，他会显得更加紧张，甚至导致面部充血，使脸色和皮肤呈红色。

心理启示

心理学家提醒各位女性朋友，当然，那些善于伪装的说谎者除了以上介绍的几种方式外，还有其他一些表现，比如平时沉默寡言，突然变得口若悬河；在谈话过程中露出惊恐的表情却强作镇定；说话时闪烁其词，口误比较多；对你所怀疑的问题，一味辩解，装出一副诚实的样子；精神恍惚，不敢与你目光接触。在交流过程中，只要你能够细心地观察对方的言行举止，就很容易判断对方是否在说谎。

第12章

女人要懂面试中的行为心理密码

面试是求职环节中最关键的环节，一次良好的面试，不仅仅是口头的语言沟通，其中还包括一个人的身体语言。对此，女人需要掌握面试过程中的行为心理，不要忽略任何一个细小的动作，否则会在整个面试环节中功亏一篑。

面试时掌握恰当的肢体语言

肢体语言，指的是非词语性的身体符号，包括目光与面部表情、身体运动与触摸、姿势与外貌、身体间的空间距离等。在面试过程中，即使我们不说话，面试官也可以通过我们的身体语言来窥探我们内心的秘密，而我们也可以通过身体语言去了解对方的真实想法。虽然我们在语言上伪装自己，但身体语言却常常“出卖”我们。所以，在面试过程中，我们不仅需要破译对方的身体语言，同时，也要保证自己的肢体语言是恰当而适时的，如此，才有可能在面试中赢得面试官的青睐。

在一个十分严肃的面试场合，小梅紧张地准备着。这个面试会综合考评一个人的人际关系、沟通技巧、职业素养，尤其强调的是客服方面的能力。在小梅之前，确实有一个长相漂亮的女孩给了她很大的挑战，那女孩十分机智，不过在小梅看来却表现得不够好，她话不多，而且肢体语言一点也没为自己加分。

因为小梅注意到，那个漂亮女孩握手时只用指尖轻轻一握，和面试考官基本上没有眼神的交流。从这个细节中可以感觉出她流露出一丝傲慢，感觉对面试大局有充分的把握。相比之下，小梅在面试时身体语言就很恰当而且丰富，她表现得十分谦虚，这是小梅在面试过程中的一大优势。

面试是求职中的一个重要环节，如果发挥出色，则可以弥补自己在其他方面的不足或者失误；如果发挥不好，不论你曾经多优秀，也很难把握这个机会。可以说，面试的难度自然是显而易见的，特别是对于那些刚刚走出校门的应届毕业生而言，很多毕业生因为紧张表现出了一系列不好的肢体语言，最终导致求职失败。所以，在面试过程中，这样的肢体语言是不容小视的。

女性朋友在面试时，需要保持自己的肢体语言是自然而适当的：

1. 握手

心理学家告诉女性朋友们，握手的同时说“您好”或者“很高兴见到您”之类的话语更有意义。更关键的是，握手时一定要手掌和手掌相接触，这比用力握手更重要。手掌相触的握手方式让人觉得诚恳且心胸开阔，面试官会感觉与这样的人打交道比较放心。

女性朋友在面试时，用自然的掌心相触的握手方式，力度适中即可，这会让你给面试官留下一个好印象。需要注意的是，假如用力过猛，表示缺乏安全感，只是想通过这种方式得到一种安慰；假如是手心向下的握手，则代表统治欲的握手；用左手包住握手者的手腕部，表示有极强的统治欲；若是用左手包住握手者的指尖部，则表示给予安抚或者支持的态度。

2. 肢体语言需要与面试官同步

心理学家认为，当两个人交流的时候，肢体语言会产生类似于“镜像效应”的反应，一个人的肢体语言感染着另一个人，使这两个人的动作有相似之处，这就叫作“同步性”，这表示两个正在交流的人同时进入了一种虚设的情境。假如面试者对主考官的一些行为动作完全不在意，或者由于过度紧张，放不开，不过夸张的模仿也会令对方反感，这个尺度需要把握好。

女性朋友在面试时需要充分留意面试官的肢体语言，思考问题时不能死盯着一个角落或天花板。因为面试官需要你对他的提问作出回应，以此达成默契。比如对方不断看表，或者显得有点烦躁，需要注意回答问题的时间限制或看看是否跑题了。

3. 注意自己的体态语言

心理学家认为，一个人的姿势往往反映出“统治”或“服从”的姿态。通常情况下，喜欢两手背在身后而且挺得笔直的人，他们有较强的统治欲，不容易接近。假如弯腰驼背，则表示这个人缺乏安全感或者比较害羞。

在面试过程中，女性朋友要充满信心，伸展腰背，下颌略收，两只手很自然地垂放或组合。运用自然的手势语言，不过切忌玩弄手指，这样会暴露自己的不自信、不确定和紧张。需要注意的是，假如你与许多人一起接受面试，一定要表现出适当的谦虚，即使在竞争的平台上，也需要表现出个人素养，不要乱了方寸，对提出的问题或者布置的任务过于“争先恐后”，会给面试官留下不好的印象。

4. 注意与面试官的眼神接触

心理学家认为，由于文化的差异，眼神接触的意义有较大不同。在面试场合，通常认为不躲闪而且自然的眼神交流能表达一个人的诚恳和坦率。眼神交流在肢体语言中很有力量，直接表达情绪或者态度。在不回避面试官的眼神的同时，需要注意不要直勾勾地盯着对方看，而在与其他面试官眼神碰撞之间游离也是需要掌握一定技巧的。眼神快速转移是不礼貌的，这往往说明你对对方问题的忽略，这一点要注意，特别是面试官提问的时候。

5. 不要摆弄自己的头发

心理学家认为，女性朋友在面试时摆弄头发是很不合适的，假如你是无意识的，那也要尽快改掉这个毛病。对于面试官而言，假如你一边回答问题，一边摆弄头发，面试官会由此判断你不够果敢，拿不定主意。假如你用手把耳边的头发撩到背后，大部分人会感觉你有一丝卖弄风情之嫌。假如面试官有男有女，那估计你不会得太高分。女性朋友需要将头发梳理整齐，感觉打理得很好，不遮盖眼睛，也不遮盖半张脸，至少会给人一种很清新的感觉，这样你就不会动不动摆弄头发了。

心理启示

心理学家认为，在面试中经常被人们提到的非语言交流，90%指的是我们的肢体语言。肢体语言是独立于我们平时语言的一种沟通方式，它伴随着我们“说话”而产生，来自于面部表情、眼神接触、手势、站立姿势和态度，在大部分情形下，它是潜意识的。总而言之，肢体语言的细微差别是十分复杂的，不过有些普通的肢体语言符号甚至可以抵得上一段废话。

面试中的肢体语言禁忌

肢体语言是许多求职者在面试中需要格外注意的一个细节，曾有个应届毕业生在应聘一家广告公司的时候，就较好地掌握了这一个细节，后来，他总结道："应聘并不是谈判，不能用眼睛逼视着对方，这样会让对方产生一种戒备心理，不利于面对面地交流和沟通思想。所以，在面试的时候，我的眼睛通常只盯住面试官鼻尖下方到嘴唇上方的那个部位，这样对方在说话时就能够注意力集中去听，而且可以快速地调动思维，做到准确及时地回答问题。而且我的表情不会感到拘束，始终处于自然状态，不时配以真诚的微笑，表示我对他说的话可以理解和认可，结果我们之间谈得很愉快，应聘很顺利。"毋庸置疑，这个毕业生顺利地进入了这家广告公司。

刚刚毕业的张小姐在参加某外资公司招聘面试时，面试官让她将椅子挪近一点，她并没有注意，放椅子时发出了很大的声音，结果她失去了这个工作机会。

后来，张小姐深有感触地说："我当时把应聘可能考虑的细节全都注意到了，当时我衣着整洁干净，自荐材料制作精美，回答问题也可以说是干净利落，不过实在没有想到的是面试官要我挪动椅子竟然是一种考验。"

实际上，像张小姐这样的面试经历并不少见。现在，许多公司或企业招聘人才时，都设置了一定的"门槛"，他们不但要求人才具备较高的学历、专业知识以及技能，同时还要求人才具有较好的修养和心理素质。

假如你面试之前十分紧张，可以坐直或站直，闭上双眼，想一些愉快、舒适或高兴的事情，使自己的心情调节到最佳状态。如果这些方法都不能让你消除内心的紧张感，那你可以尝试：对着镜子，看自己的眼睛、鼻子、嘴巴、眉毛、耳朵五分钟，心情自然就会平静，紧张感就会消除。如果在面试过程中产生紧张情绪，不要手足无措，不要考虑面试官会怎么看自己，而是花几秒或十几秒回想自己在镜子中的样子，紧张的心情就会很快平复。

除此之外，在面试过程中，女性朋友还需要注意一些肢体语言，避免走进禁区。

1. 不要给面试官留下软弱的印象

心理学家认为，面试官能在30秒之内确定面试者是否是合适的员工，身体语言起到了十分重要的作用。女性朋友在面试时要自信，切忌傲慢，走进房间时请面带微笑，不要摆弄身上的物件，握手时坚定有力。

2. 不要触摸自己的脸颊

由史蒂芬·索德伯格导演的影片《病原体》中，凯特·温丝莱特扮演的大夫说，平常人每天都要触摸自己的脸2000~3000次！也许你也有这个习惯，也许你无法改掉这个习惯，但至少在面试时不要这样做。触摸鼻子，嘴唇和前额，面试官会认为你非常紧张或不诚实。

3. 不要晃腿

心理学家认为，晃腿的原因有很多：情绪紧张，或者缘于坏习惯。面试的时候，千万不要这样做，因为这样的身体语言会给面试官传递这样的信号：我焦躁不安，只想尽快地逃离这个地方。

4. 不要环胸抱臂

心理学家认为，交叉双臂的肢体语言传递的是这样的信息：封闭防御，或百无聊赖。假如你觉得这种姿势最为舒服，没有问题。但必须清楚这是一次面试，在面试官面前，表现出这样负面的肢体语言，是极不合适。

5. 不宜太拘束或太放松

女性朋友应该记住，在面试过程中，不要正襟危坐，也不能坐没坐相。在面试时坐直身体，不过不要太僵，但也不能过于放松，没有坐相，无精打采，萎靡慵懒，这会给面试官留下不礼貌的印象。

6. 双手不要拿东西

心理学家建议女性朋友在面试时放下手里的东西，因为你并不是魔术师或滑稽演员。若是把钢笔、文件、手机、简历或其他物件拿在手里不停地摆弄，会让你显得十分笨拙，毫无准备，假如你手中的东西掉落在地，那就更糟糕了。

7. 不要总是点头

在面试过程中，对于面试官的提问，切忌总是点头附和，否则，会让你看起来毫无骨气，像在拍马屁。

8. 与面试官保持合适的距离

假如你面前有一张桌子，则需要与桌子保持合适的距离，显出足够多的上半身，表示你没有什么可以隐瞒的。假如你面前没有桌子，也需要遵循这个原则，不要坐得太近，让面试官感受到你的鼻息；也不要坐得太远，好像你不愿意与面试官交流。

心理启示

当一个人情绪紧张的时候，很容易流露出不合时宜的肢体语言。其实，心理学家向各位女性朋友建议，在面试之前，为了使自己的肢体语言自然而适时，需要不断练习，比如，把胳膊伸向前方，手腕放松且用力抖动，直到感觉累为止，而且可以重复多次。或者做做伸展运动，双手手指交叉，翻掌向天举过头顶，尽可能伸展、挺腰，然后向前、后、左、右倾斜，直到肩、背肌肉完全放松；或把头部轻轻地按顺时针方向转动七八次，再按逆时针方向转动相同的次数，这样各做三至五组，在放松头颈肌肉时放松情绪。

读懂面试官的暗示语言

在面试过程中，许多面试者回答问题时，眼神很少注意到面试官，他们忽略了面试官的神情。心理学家建议，在正式面试时，面试者需要注意眼神的交流，这不但是一种互相尊重的表示，同时也能更好地获取一些信息。比如，面试时，每位面试者都会口若悬河，回答问题的时间远远超出了面试官的限制，这会令面试官十分疲劳，所以他们在这个过程中不断地看表、交换坐姿等。当然，在面试过程中，与面试官达成默契并非一件难事，只是需要我们细心观察其身体姿势，读懂其暗示的语言。

心理学家分析，假如面试官出现以下动作时，女性朋友就要提高警惕了：

1. 头偏向一边

假如面试官的头偏向一边，这说明他正在认真倾听，而且十分感兴趣，这是一个成交的信号，暗示你应该将目前的谈话继续下去。

2. 挠头

假如面试官做出了挠头的动作，这表示他充满困惑或怀疑。这时作为面试者的你不要慌张，相反，你先暂停一下，然后提问“我说清楚了吗？”或者“我不知道我是否表达清楚了，换种方式说”，以此消除面试官心中的疑惑。

3. 咬着嘴唇

假如面试官咬着嘴唇，心理学家认为这是他感到不安。或者因为他对你所谈及的这个问题十分敏感，或者在你的谈话中出现了令他担心的事情。假如你看出他对某个话题较为敏感，你可以判断一下是转向其他话题，还是继续阐述你对这个问题的理解，比如你可以说“我知道这是一个令人不安的话题，不过我认为它对增强互相理解是很有必要的”。

4. 挠后脑勺或脖子

心理学家认为，当面试官开始挠自己的后脑勺或脖子时，需要小心谨慎了，这个姿势表示他正处于倦怠和不耐烦的状态，这时你最好尽量自然地转向别的话题。

5. 低头

心理学家认为，面试官出现了低头这个动作，则表示你的某句话可能被面试官理解为批评。这时你可以说一些安抚的话，比如“当然，我必须承认每一个部门都有自己的管理风格，我可以去努力适应”。

6. 频繁点头

心理学家认为，面试官频繁点头则表示一个成交的信号，你完全不用担心，可以继续你的谈话。

7. 摇头

心理学家分析，面试官摇头是一个拒绝信号，这足以让你立即作出回应：“您好像不是很同意我的观点，请问是哪一部分不妥当呢？”这会让令人烦躁的谈话暂停，同时表明了你敏锐的观察力。

8. 眯着眼睛

心理学家分析，面试官眯着眼睛也是一种拒绝信号。你可以直接告诉面试官“我感觉到我们的观点不太一致，您能告诉我是哪一部分吗？”如果面试官的眼睛眯成一条缝，则说明是困惑而非异议，你可以先暂停，然后说“我想把这个问题说得更透彻一些，让我换种方式来说”。

9. 挑眉

心理学家分析认为，面试官挑起眉头表示惊奇，或者根本不相信你所说的，他对你的陈述表示怀疑和不相信。这时你可以稍作解释，不过不宜过多地关注这个问题。

10. 避免与你进行目光接触

假如面试官目光接触得很无力或者一开始就没有目光接触，则表示他比较害羞，或者身体不舒服。女性朋友最好表现出友好，主动和他说话。但是，如果两个人的目光开始对视，而后来面试官有意避开则说明他对你失去了兴趣。

11. 有意盯着你

心理学家认为，面试官有意盯着你，则表示他有可能在吓唬你，想测试一下你面对压力时的反应。这时最好的回应是无须在意，你该做什么就做什么。

心理启示

心理学家认为，面试是从进入面试场所的身体语言交流开始的，它将给人留下第一印象，同时也是最重要的印象。女性朋友千万不要忽略，这是面试过程中十分重要的组成部分。同时，如何察觉并对面试官的非语言性暗示作出反应，是面试成功应掌握的十分有价值的技巧。

等待面试时的肢体语言禁忌

有面试者说：等待面试的十分钟是最难熬的，经过了笔试的筛选、过滤，终于到了面试的环节，求职者免不了紧张、焦虑，这是很正常的现象。尤其是那些刚刚毕业的大学生，面对这样的正常情绪可以不必太在意，只需适当地调节好自己的心态，必定会有良好表现。不过，在等待面试的这段时间里，也需要注意自己的肢体语言，以免给他人留下不好的印象。

1. 闭嘴

心理学家建议，女性朋友不要和前台或是进出公司的其他人乱搭讪套近乎，特别忌讳向他人打探公司的情况，包括工资、人员状况等。因为你根本不清楚对方在公司是什么身份，有可能前台的美女就是老板的亲表妹等，胡乱打探情况只会暴露你的不良动机，后果将会很严重。

当然，除了不要胡乱打探之外，还要记住不要多喝水。很多女性朋友一紧张就会忍不住大量喝水，要知道图了一时之快，其后果是非常严重的。谁也不清楚面试时间的长短，当面试官面试时，你却抱歉地打断要去卫生间，这多少会给面试官带来不快。

2. 手不要乱动

心理学家建议，女性朋友们在面试时请收起自己的手机、游戏机等。

切记，你是来应聘的，而不是来排队吃饭唱歌的，不要自以为是一个学生，当你踏进公司的大门时，你就是一个社会人，没有谁会因为你年纪尚轻就对你网开一面，所以，请展现自己成熟的一面。

3. 管住自己的脚

女性朋友在等待面试时不要在别人的办公室闲逛，更不要探头探脑地打量别人的工作区域，参观公司不是你现在要做的事情，你这种随便的态度会引起公司其他员工的不满，甚至会打扰别人正常的工作。

4. 管住自己的眼睛

心理学家建议女性朋友，在很多情况下，面试者会被前台姑娘安排先等候一会儿，即使你的眼睛对周围的一切充满了好奇，也不要直勾勾地看着每一个从你面前走过的公司员工，甚至露出让人觉得莫名其妙的笑容，这会给别人留下不好的印象。如果你是微博控，想拍照留念，那么请克制这样的冲动，规规矩矩地坐等面试，这才是明智之举。

心理启示

心理学家提醒各位女性朋友，千万不要认为在等待面试时是无所顾忌的，什么姿势都可以做。毕竟是在公司，来来往往都是公司的领导或同事，一旦你的不良肢体语言被他人看到了，定会使你的面试大打折扣。

不要让肢体语言毁了你的面试

随着现代社会经济的不断发展，许多企业招聘的步伐也在不断加快，职场机会越来越多。然而，依然有不少年轻女孩抱怨找工作很难，不得不继续在求职路上奔波。行为心理学家解释说，不少人与好工作失之交臂是因为面试时缺乏经验，过分紧张词不达意，面试中肢体语言过多而自曝其短，这些都会给面试官留下不认真、没能力、想法太多的负面印象，自然会影响你最终的面试结果。

对此，心理学家提醒各位女性朋友，千万不要让肢体语言毁了你的面试：

1. 注意你的眼神

心理学家告诉女性朋友们，你的目光需要时刻注视着面试官，这表示你在认真听他讲话，切勿瞪着或目光呆滞地盯着面试官，只需看着对方的眼部就行了，否则会让人感觉不舒服。假如在场的面试官不止一个，那你要适当、不时地用目光扫视一下其他人，表示尊重。

2. 时而点头，时而微笑

面试过程中，女性朋友们要积极倾听面试官的讲话，时而点头，表示自己听明白了，或正在认真听，同时面带微笑，但不宜笑得太僵硬。所有的肢体语言都要自然而然，尽可能通过你的肢体语言给对方留下深刻的印象。

3. 学会掩饰自己的不满情绪

面试过程中，有时面试官会做出一些“出格”的举动，比如跷二郎腿、闭目养神等，不要觉得这是对你的不礼貌，其实这也是一种文化，有可能招聘人员挺累，想休息一下；有可能他觉得招聘工作不太重要，所以很放松；有可能这是他对你的心理考验，想看看你的表现。假如这时你马上露出不满情绪，就会给人留下不好相处的印象。

4. 身体别乱动

心理学家提醒女性朋友们，在面试时不可仰头靠在座位背上或低头注视地面或东张西望；身体不可前仰后仰，或者歪向一侧；双手不应该有多余的动作，更不要把双腿直接伸开去，或反复不断地抖动，这些都是缺乏教养和傲慢的表现。

5. 不要吃东西

心理学家提醒女性朋友面试时不要嚼口香糖或抽烟，尽管这是最基本的礼仪，但有的人还是记不住。比如，有些应聘者会因自我感觉良好或为了显示自己的傲气，面试时嘴里还嚼着口香糖，这是极不礼貌的。而有的应聘者忍不住抽上几口烟，这些动作都会让你显得很不礼貌。

6. 手势不要太多

心理学家认为，一个人手势太多会分散别人的注意力。不要用手把玩纸、笔，有人觉得挺麻利的，但在正式场合这样做会显得很不严肃。手不要乱摸头发、胡子、耳朵，这样显得紧张，不专心交谈。当然，也不要用手捂嘴说话，这是一种紧张的表现，许多女人都有这样的习惯，需要注意克服。

心理启示

对于面试环节出现的诸多状况，心理学家建议女性朋友们，应聘者的肢体语言对面试官的影响比较大。面试中的动作形体，是对一个人的初步了解，更是给面试官留下深刻印象的关键。对此，女性朋友在面试时尤其要注意自己的肢体语言，不要让肢体语言毁了自己的面试。

建立面试的第一好印象

女性朋友们，如果你去参加一个面试，而你希望能够给面试官留下完美印象。那么，你需要记住心理学家的话："其他人对你印象的90%都来自于你们见面的最初4分钟，而这其中的有60%~80%的评价都取决于你无声的肢体语言。"

那么，女性朋友们，如何用自己的身体语言建立面试的第一好印象呢？心理学家这样支招：

1. 在前台时

心理学家建议女性朋友们，假如可以的话，你应当在前台接待处脱下外套，并将它交给接待员。不要在双手都塞满东西的情况下走进面试办公室，因为这会让你看起来慌张而狼狈，给人一种不认真的印象。在前台时，女性朋友最好保持站立的姿势，绝对不要坐下。前台接待员会坚持让你坐下，一旦你落座，就会从他们的视野里消失，他们也不会再想到接待你了。

在前台站立的时候，女性朋友们应该保持双手紧握背在身后的姿势，这会让你看起来更自信，同样以你的脚跟为轴心，慢慢地前后摆动，这不但可以增加你的自信，而且会让你看起来有克制力。你可以在等待时间里做出尖塔形的手势，这种肢体语言可以不断地提醒你身边的人你还在这里等候。但是，一旦你进入面试办公室，就不要做出这样的手势，因为这个动作表示一种权威。

2. 进入公室时

女性朋友们，你走进办公室的方式，实际上就等于告诉了其他人所希望的他们对待你的方式。当接待员将“可以进入”的消息告诉你之后，不要有任何的犹豫，马上走进办公室。当你走进面试官的办公室时，一定要保持与之前相同的行走速度和步伐大小。通常情况下，那些缺乏信心的人往往会在这一刻，迈着小步进入办公室，这就会给面试官留下一个慌乱而不自然的印象。

3. 走进办公室时

心理学家告诉女性朋友们，当你走进办公室的时候，面试官有可能正在做其他事情，比如打电话、看文件等。但是，不论他在做什么，你都应该信心十足地以平稳的步伐，大方地走进办公室。然后，放下文件夹或手中的其他物品，坦然地与他握手，然后快速地坐下，让面试官知道你一向都是这样自信地面对任何人或事，而且自己不喜欢等待。心理学家认为，那些行走速度缓慢，或者喜欢踱方步的人用行动告诉周围的人：他们时间充裕，或者说他们对手头的事情并无太大的兴趣，又或者他们还有其他事情要做。

4. 坐下的姿势

心理学家认为，假如现场的实际情况让你不得不坐在一把较低的椅子上直面对方，那你应该将椅子向左或向右转动45°，从而避免以一种对抗性的姿势与面试官“四目相对”而形成剑拔弩张的紧张气氛。如果椅子是固定的，没办法转动，那就将你的身体转过去。

5. 就座姿势

心理学家认为，假如面试官邀请你在他办公室的非公区域里就座，比如说办公室里的咖啡桌旁，你应该立即意识到这是一个非常有利的信号，因为职场中95%的拒绝情况都发生在办公桌前后。需要记住的是，不要坐在低矮的沙发上，任由你整个人都陷在柔软的沙发里。假如条件允许的话，你可以挺直腰背，坐在椅子边缘，这样一来，你就可以自如地控制自身的肢体动作，而且轻松地将身体转动45°，侧面朝向面试官。

6. 动作姿势

心理学家认为，沉着冷静、感情内敛的人动作简单明了，举手投足间都可以体现出其深思熟虑的特点。而与身份低微的普通人相比，那些位高权重的人使用的肢体动作则较少且简单。据说有这样一条经典的谈判法则：真正有决定权的人在谈判中很少开口，有的人的肢体动作更多来自于肘部以下，有的人的活动范围则是整只手臂和肩膀。在适当的时候，女性朋友们可以相应地做一些与对方一致的动作或表情。

7. 离开时的姿势

心理学家向女性朋友建议，冷静沉着地收拾好自己的随身物品，千万不要匆忙而慌乱，假如条件允许的话，在离开前最好与对方握手道别，然后转身离开。假如你进来时房门是锁上的，那你在离开时应当随手将房门关上。因为在你离开时，面试官通常会从你的身后观察你，因此，你应该确保自己的鞋后跟与鞋面一样光洁如新，其实大部分男性往往忽视自己的鞋后跟。当你决定离开的时候，先将脚尖移向门口那一边，然后整理好身后的衣服，梳理头发，从而给面试官留下一个整洁的背影。

当面试结束时，其他的面试官会长时间地打量她的背影，不管当事人愿意与否，也不管她知情与否。所以，当你走到门边的时候，最好慢慢地转过身，面带微笑，给面试官留下一个美好的印象。

心理启示

心理学家告诉女性朋友们，人们通常不会用肢体进行交流，不过在面试过程中，某些动作，哪怕是细小的动作以及一闪即逝的表情都会让你倍添光彩或黯然失色。而面试官在大部分情况下会下意识地根据应试者的非语言行为作出判断，所以，女性朋友们在面试时需要时刻注意自己的肢体语言，力求完美，给面试官留下美好的第一印象。

第13章

女人要懂办公室中的行为心理密码

在日常工作中，同事、领导、下属是我们互相交往、接触最多的人。要想在工作中与同事、下属、领导和睦相处，女性朋友们应该修炼一双职场慧眼，通过方方面面看清对方行为的心理，正所谓“知己知彼，百战不殆”。

上司签名方式彰显其个性

无论在公司还是在谈判场合，我们对上司的签名再熟悉不过。在公司内部，许多工作的执行需要上司签字；在商业谈判中，所拟订的合同需要签上上司的名字。于是，签名成了上司繁忙工作中的一个小插曲，在不断的锤炼中，上司的签名也逐渐形成一种风格。作为上司，许多人私底下会苦练自己的签名，致力于使自己的签名看起来别具一格。其实，许多人都不知道，通过上司的签名是可以揣摩其性格的。如果你还在为揣摩上司的心理而发愁，那么，从现在开始，仔细关注上司的签名方式，并从细枝末节中来达到识破上司心理的目的。签名所涉及的是笔迹心理学，这是一门研究人的书写心理以及笔迹特征与个性心理的科学。而通过签名方式来揣测上司的性格，我们所采用的就是笔迹心理学。

下面心理学家就介绍几种常见的签名方式，以此来揣摩上司的真正性格。

1. 拥挤的签名

有的上司在签名时小心翼翼，字写得很小，而且，名字居然挤在了一起。在其心里，很想把最小的东西作最大的利用，心理学家认为，这样的上司在平时的工作中善于精打细算，喜欢节约，不喜欢铺张浪费。但是，因为签名显得太小气，反而给人留下不好的印象。

2. 与平时写字倾斜度不一样的签名

有的上司在签名时会显得与平时写字大不相同，比如，平时写字往右倾斜，签名时却向左倾斜；平时写字往左倾斜，签名时却向右倾斜。心理学家表示，前者很想给人留下冷淡的印象，这只不过是伪装出来的，其实，这类上司本身相当友好，善于交际，性格外向；后者从表面上看是一位社交高手，热情而幽默，不过，其内心却隐隐含着反叛。

3. 夸张的签名

有的上司在签名时故意签得比较夸张，虽然，这种签名方式看起来富有艺术感，但是，却是伪装的。心理学家认为，这样的上司常常感到无奈，于是，他们所做的很多事情都是为了克服心中的无力，比如，买豪华轿车来达到内心膨胀的目的。

4. 与平时写字大小不一样的签名

有的上司在签名时会显得与平时写字大小不一样，比如，签名字体比平时所写的字体大，或者，签名字体比平时所写的字体小。心理学家表示，前者有强烈的自我膨胀感，希望通过签名来让人记住自己，可事实上，很少人能记住他们；后者，内心自卑，常常会避免接受一些荣耀，平时喜欢吹毛求疵。

5. 笔迹强劲、笔直

有的上司在签名时会刻意强调笔迹的风格，使整个签名看起来笔直而不夸张。心理学家认为，其实，就和他们的性格一样，此类上司有较强的自信心，对任何事情都能坚持到底。同时，他是一个不轻易放弃的人，如果事情遇到了一些麻烦，需要重新开始，他也会毫不犹豫地投入其中。

6. 逐字上升的签名

有的上司在签名时会不自觉地造成逐字上升，即整个签名呈上升的趋势。心理学家认为，这样的上司有强大的野心和必胜的决心，其事业正如签名一样，会越来越好。面对已经决定的事情，他们会毫不犹豫地坚持下去，绝不放弃。

7. 逐字下垂的签名

有的上司在签名时会不自觉地造成逐字下垂，即整个签名呈下降的趋势。心理学家表示，这样的上司很容易因工作而疲劳，有时候，繁忙的工作会让他们觉得无力应付。在工作中，他们可能正遭遇挫折与困难，随时都有可能一蹶不振。

8. 带图案的签名

有的上司在签名时会增加一些具有艺术感染力的图案，使整个签名看上去高雅而有节奏。心理学家分析，其性格就像签名一样，独特而有艺术气息，有一定的品味和较强的自信心。这类上司对自己的喜好从不掩饰，常常直言不讳。

9. 像学生类的签名

有的上司的签名方式与学生时代的签名一样，字体缺乏形式与流畅，大小不一。如此的签名方式，体现本人的感情还处于学生时代，或许，就连其智力也停留在那个时代。他无法适应公司的成人世界，故在笔迹上显露出内心的诉求。

心理启示

美国心理学家艾维·赫尔斯丁说："每一个人脑的思维被无意识地输送到手指尖上，笔迹是思维的轨迹。"笔迹如何，全凭着一双手的操作，另外，笔迹的姿势、轻重、缓急都会受手和大脑的控制。一个人在签名时的一笔一画，都会向人们展现其内心世界。

现代社会，许多领域都会用到笔迹心理学，诸如心理分析、人才招聘、遗产公证、犯罪等领域。上司的签名就代表他自己，这是很明显的。从法律上来说，每个人的签名方式都是特别的，不过，在具体的细节中，可以将人们的签名方式归结为几类，比如带着图案式的签名、难以辨认的签名，等等。如果女性朋友们要想了解上司的性格，不妨从其最擅长的签名方式着手，从心理学的角度，来识破其真正的个性。

坐电梯行为暴露同事心理

每天早晨，我们总是忙忙碌碌地从城市的各个角落赶往公司，在拥挤的电梯门口，你或许会碰到办公室里的同事，或许会碰到上司，但是，谁也没有留意到自己或同事的行为动作，他们光顾着打招呼了。对此，心理学家告诉女性朋友们："人们在电梯门口时的一些行为、言语，从某种程度上透露了他们的内心世界。”所以，不要错过电梯门口的秘密，在松口气的同时，观察同事们的姿势，摸索其潜在的真实心理。

早上，小雅急匆匆赶到了办公大楼，这时，离上班时间还差五分钟，小雅在心里祈祷：“希望自己能有一个好运气，电梯正好下来。”谁料到，赶到电梯那里，发现拥挤了人。小雅气喘吁吁，这时，站在旁边的同事向她打招呼：“小雅，你来了”、“小雅，站这里，这里还有个位置”。

小雅一边回应同事，一边观察同事等电梯的姿势。因为昨晚小雅看了一篇文章：“电梯门前看穿你的心理”，她希望能够更多地了解同事，借此与同事建立和谐的人际关系。她发现：办公室的老王总是不由自主地往返踱步，但由于人群越来越拥挤，他不得不在地上顿脚；而脾气急躁的李姐则抑制不住自己反复多次按电梯钮，似乎这样反复按，电梯就能快点下来；而张哥则认真地注视电梯楼层的指示数字，只等电梯门打开就立即冲进去，丝毫没注意到小雅正盯着他看；还有办公室里的同事小晨，他低头看着地面，也不说话；而小雅自己环顾周围的人或物，或是不经意地昂着头瞧瞧天花板。

这样观察了一会儿，小雅心中有底了。

小雅细致地观察了同事们等电梯时的不同姿势，以此判断同事各自的心理。通过这样的观察和判断，她更好地了解了同事们的心理，相信在以后的工作中，她与同事们会相处得更融洽

1. 反复多次按电梯钮

有的人在等电梯的时候，显得异常急躁，总是反复多次地按电梯钮，似乎这样能够使电梯下来的速度更快一点。心理学家分析，这样的人个性比较急躁，做事喜欢讲效率，时间观念很强。在公司里，他们的人缘很不错，由于个性随和，所以容易接近。不过，他们容易情绪化，时常以自我为中心，一旦认定了某件事情，就会一直坚持下去。

2. 环顾四周

有的人在等电梯的时候，喜欢东看看，西瞧瞧，或是看身边的人，或是抬头看看天花板。心理学家表示，这样的人有较强的防卫意识，他们不会轻易地向他人展露自己的内心世界。在工作中，他们喜欢学习新知识，

有较强的求知欲。虽然，他们的朋友并不多，但每一个都是最真的朋友。

3. 往返踱步或在地上顿脚

有的人在等电梯的时候，会不由自主地往返踱步或在地上顿脚，心理学家表示，这样的人心里比较敏感，甚至略带神经质。他们的内心世界很丰富，对于身边的人和事能够洞察清楚，当然，他们对于自己的直觉和判断力也是从来不否认的。在生活中，他们比较感性，颇有艺术气息。

4. 低着头

有的人在等电梯的时候，头向下，看着地面。心理学家认为，这样的人沉默寡言，他们不太爱在人前表露自己的思想。但是，其沉默的背后却是一颗善良、淳朴的心，他们个性比较坦率，很容易相信别人，对于他人的请求从来不拒绝。在办公室，他们深受同事们喜欢，由于他们不善于拒绝，做事显得很没原则，属于办公室里的老好人。

5. 认真地注视着电梯

有的人在等电梯的时候，会认真地注视着电梯楼层的数字，只等着电梯开门。心理学家表示，这样的人比较理性，处事稳重。在日常工作中，他们不太愿意插手别人的事情，不喜欢惹麻烦，经常给人一种漠然的感觉。不过，由于他们很会办事，深受上司的信赖。

心理启示

心理学家提醒女性朋友们，一般而言，人们在等电梯的时候，不可能一直保持“立正”的姿势，不同的人在相同情景下可能会作出不同反应，而那些看似随意的行为却透露了人们心中的奥秘。

办公桌整理行为看同事个性

在办公室里，每个人都有属于自己的一张办公桌。如果你仔细观察的话，就可以发现同事办公桌背后隐藏的秘密。

下面，心理学家详细介绍几种常见的办公桌摆设，从中可看出同事做事的条理性，达到半分钟识破同事心理的目的。

1. 整整齐齐

不管是家里的桌面上，还是抽屉里，都是整整齐齐的，各种文件都放在该放的位置上，让人看起来相当舒服，这表明办公桌的主人办事是极有效率的，他们的生活也很有规律，做事之前习惯拟订一个计划，避免陷入措手不及的难堪境地。

心理学家认为，他们很懂得珍惜时间，不喜欢做浪费时间的事情，他们总是能够精打细算地用不同的时间来做更有意义的事情。他们一般都有很高的理想和追求，并且一直在为此努力。但是他们习惯了依照计划行事，所以，对于一些意料之外的事情，常常不知所措。因此，他们的随机应变能力稍微差一些。

2. 在办公桌上放一些照片或纪念性的东西

有的人习惯在办公桌上放家人的照片，这类人一般性格比较内向。心理学家表示，他们不太善于交际，所以朋友不多，但仅有的几个却是非常要好的。他们很看重和这些朋友之间的感情，所以会格外珍惜。他们大多都有一些怀旧情结，总是希望珍藏一些美好的回忆。但他们比较脆弱，容易受到伤害，而且做事也缺少足够的恒心和毅力，常常会在挫折和困难面前不战而退。

3. 乱七八糟

有的人的办公桌看上去乱七八糟，心理学家表示，这样的人条理性比较差。不过，待人亲切、热情，性格也很随和，做事通常只凭自己的喜好和一时的冲动，三分钟热度过后，就会自然而然地选择放弃。他们大多缺少深谋远虑的智慧，不会把事情考虑得太周密，也没有什么长远的计划。但是他们拥有比一般人强的适应能力。他们虽然拥有积极乐观的生活态度，但过于随便，不拘小节，经常马马虎虎，得过且过。

4. 按一定的规则布置办公桌

办公桌上的所有物品都按照一定的次序和规则摆放好，整齐而又干净。心理学家认为，这一类型的人工作很有条理性，有很强的组织能力，所以办事效率比较高。他们具有较强的责任心，凡事都小心谨慎，避免出现失误，态度相当认真。这样的人虽然能够把自己的本职工作做得很好，但是喜欢墨守成规，缺乏冒险精神，所以不会有什么开拓和创新。

5. 表面整洁，抽屉里却很乱

有的人的办公桌看上去很干净、很整洁，但抽屉里却乱七八糟。心理学家认为，这样的人虽然有足够的智慧，但往往不能脚踏实地地做事，他们喜欢耍一些小聪明，做表面文章。从表面上来看，他们的人际关系不错，但实际上，却没有几个朋友是可以真正交心的，他们也是很孤独的一群人。他们性格大多比较散漫、懒惰，为人处世方面不是十分可靠。

6. 物品摆放很随意

有的人的办公桌上总是这里放一些物品，那里也放一些物品，没有一点规则。心理学家认为，这样的人大多做起事来虎头蛇尾，总是理不出个头绪来。他们的注意力常常被其他事情分散，从而无法集中在工作或学习上，也很难取得优异的成绩。他们也想改变自己目前的状况，但是自我约束能力很差，总是向自我妥协，事后又追悔莫及，可紧接着又会找各种理由来安慰自己。

7. 办公桌看上去像乱摊子

有的人的办公桌看起来更像一个乱摊子，如果找一样东西，往往要把所有的东西翻个遍，还未必能找到。这样的人工作能力差，效率也很低，他们的逻辑思辨能力非常糟糕，也多缺乏责任心。

心理启示

心理学家提醒女性朋友们，从办公桌整理得怎么样，可以看出主人的真实面目。从某种意义上说，办公桌是我们办事条理性最直接的显示屏。对每一位在办公室办公的人来说，办公室就像一个大熔炉，其中，复杂的人际关系令同事们无所适从。不过，要想识破同事的心理，轻松判断同事的个性，可以从其办公桌的摆设方式窥探。

从同事送礼行为了解其真性情

在日常生活中，求人办事总免不了送礼，以表示自己的诚意，其实，送礼也是一门学问，值得我们好好揣摩。逢年过节，同事会给我们捎上一份礼物，或者，出差回来时，会顺便给我们买件礼物。心理学家提醒各位女性朋友，我们通过同事的送礼，可以看出其性情。毕竟，每个人的送礼方式是不一样的，有的人喜欢买贵重的礼物，有的人喜欢挑适合的礼物，有的人喜欢将自己喜欢的礼物送给别人，等等，可以说，不同的人在送礼上会有诸多不同的表现。那么，我们应仔细观察其送礼的表现，通过礼物来洞悉同事的真性情。

小丽特别喜欢旅游，常常在放假的时候约上几个好朋友一起去旅游。每到一个城市，她都会给办公室的同事捎点礼物，虽说都是小饰品或者纪念品，但每次同事收到她的礼物都会由衷地感动。毕竟，那是小丽的一份心意。

办公室里，晓航特别喜欢研究心理学。这天，她收到了小丽的礼物，于是晓航打开了话匣子："昨天晚上，我偶然发现，通过送礼还可以洞悉一个人的真性情呢。你看，小丽的礼物虽说很小，但却十分别致，很有纪念价值。由此可以推断说，小丽本身是一个心思缜密的女孩，她很会照顾他人的感受，善解人意，而且，做事情时，她宁可自己受委屈，也不轻易让别人受伤。"几位同事听了，再想想小丽平时的表现，一致表示赞同。

有的人在逢年过节经常收到一些礼物，他每次都将那些礼物与送礼者的名字记录下来，以此作为回礼的参考。时间长了，他得出了这样的结论：从对方所送的礼物可以观察此人的性情爱好。比如，如果对方所送的是陈年美酒，那么，表示对方偏好美酒；如果对方所送的是典雅的艺术品，则表明对方对艺术情有独钟。

下面，心理学家就介绍几种简单的以送礼来洞悉同事真性情的方法。

1. 喜欢送昂贵的礼物

有的同事并不介意将礼物送给谁，而是他们喜欢买昂贵的礼物。心理学家认为，这类人大多以许多外在条件来包装自己，希望自己能给人与众不同的感觉，比如以昂贵的礼物来彰显其财富价值。他们大多花钱如流水，而花钱的最终目的就是包装自己的形象。

2. 喜欢送廉价的礼物

有的同事恰恰相反，对于介于朋友与陌生人之间的同事，他们宁可选择廉价的礼物，以此来衡量彼此的亲密度。心理学家认为，这样的人喜欢将事情分析得很透彻，并常常以此作为自己的判断标准。在很多时候，他们或许会给人留下势利的印象，事实上，他们本身也是这样的人。

3. 喜欢送贴心的小礼物

有的同事喜欢送一些贴心的小礼物，比如，在冬天，他会送一条围巾或一副手套，很贴心，让收礼物的人感到很温暖。心理学家表示，这样的人心中很有爱，平日里，喜欢观察身边的人和事。总喜欢给别人制造惊喜或浪漫，有时候，并不是因为对方在心中的位置有多重，而是他们在制造惊喜或浪漫的过程中也感受到了快乐。

4. 喜欢送有品位的礼物

有的同事喜欢送有品位的礼物，诸如字画、书之类。心理学家表示，他们本人就如同礼物一样，是一个懂品位的人。在挑选礼物的时候，他们大多以是否有品位来衡量礼物的价值。平日里，他们很注重生活品质，细致到不错过任何一个细节，因此，常常给人一种吹毛求疵的印象。

心理启示

心理学家提醒女性朋友们：一个人对礼品的选择大多会受个人因素的影响，经常会无意识地流露出自己的喜好。那么，从送礼洞悉对方的性情确实有据可寻。

判断上司的眼神，领悟言外之意

我们常说："眼睛是心灵的窗户。"在职场与官场中，识别一种无声语言更重要，那就是上司的眼神。在日常工作中，上司与下属之间的眼神交流，更能无声地传达出彼此之间的关系如何、默契如何。心理学家认为，眼睛是心灵的窗户，眼神能传达一个人的心理，比如，一个人在表达反感或仇恨的时候，其瞳孔会缩小，会透露出刺人的目光；反之，一个人对某件事情怀有极大的兴趣，则会睁大眼睛，以此表示赞同和好感。作为下属，要想轻松领悟领导说话的意图，就要学会观察上司的眼神。即使高高在上的上司，他们也有平常人的喜怒哀乐，他们眼神里所传达的意思不可能与平常人相去甚远，只不过，由于身份或地位不同，上司对下属的眼神会有一些特别的含义，聪明的女性应该学会判断上司的眼神，从而轻松地领会上司的言外之意。

通常来说，如果上司友好地看着你，甚至不时地眨眨眼睛，则表示他对你这次的工作评价较高，或者请求你原谅他的过错；上司在说话的时候，从上到下打量你，则表明他占据优势地位，拥有支配的权力；如果上司用锐利的眼光盯着你，则表示他内心并不相信你，希望你能说真话；上司一边说话一边看向其他地方，则表示他不想与你交谈下去，想尽早结束谈话。如果上司闭上眼睛或者根本不看你，只有两种可能：一是他不想评价你，想用不重视你来惩罚你；二是他对此感到心烦或厌倦。

周一早上，张总来到办公室，发现办公桌和窗户上布满了灰尘，他赶紧叫来秘书小王，吩咐道："今天清洁阿姨还没来打扫吗？办公室怎么脏成这样子，你赶紧打扫打扫，一会儿我还得接待个重要客户呢。"小王急忙去卫生间拿来抹布，打算将办公桌和窗户擦一遍。

没想到，窗户只擦了一半，张总就带着客户进来了。张总对小王说：

“你一会儿再来打扫吧。”说完，用眼神示意小王先出去。小王心领神会，马上收拾好东西出去了。

如果这时小王执意说：“我马上就擦完了。”那肯定会惹张总不耐烦。

在工作中，与上司沟通，与上司保持眼神接触，并对其眼神进行解读是很有必要的。在面部表情中，眼神是最生动、最复杂的表情。一般而言，在面对面的沟通中，眼神接触通常占全部时间的50%~75%，它的作用不亚于声音。因此，身处职场或官场的我们，必须在倾听上司说话时领会其眼神的含义，从而解读出上司的言外之意。

心理启示

心理学家认为，从眼神中除了能看出上司与下属、权力与依赖的关系之外，还能揭示出更多的东西。领导在说话的时候，眼神不看你，这可是一个坏迹象。他连看都不看你一眼，目的就是想用不重视来惩罚你，说明他不想评价你。

上司说话时的身姿显示其心理

虽然人们说话时的身体姿势差不多都一样，但处于上司的位置，他们的身体姿态却有所差别。这是因为上司身份特殊，即使说话时也需要彰显自己作为上司的身份，因此自然而然地，他们的身体姿势也不能太过随便，否则就会影响到自己的威信以及领导者的形象。实际上，聪明的女性不能忽视上司说话时展现出来的身姿，而是需要用心观察，因为心理学家认为上司说话时的身姿恰恰反映了其真实的心态。对此，女性朋友在倾听领导说话的时候，还需要注意上司的身体姿势是拘谨还是放松，是霸气还是祥和，总而言之，这些不同的姿势能逐一反映出领导者的真实心态。

在人际交往中，人们的口头沟通常需要借助人体的各种姿态，这就是我们常说的体态语言，而身体姿态正包括其中。对于上司来说，掌握不同的体态语言是与他人顺利沟通的重要保证。而对于下属来说，在倾听上司说话时更需要注意其表现出的不同姿态。通常一个人的身体姿态能够反映出其是否有信心、是否精力充沛。人们的身体姿态分站姿、坐姿、行姿三种。站立的姿态体现了上司的精神风貌和道德修养，下属应该观察上司说话时是东倒西歪还是耸肩驼背；坐姿方面，下属需要观察上司是前俯后仰、抖腿摆脚，还是身体微微向前倾；走姿最能体现一个人的精气神，下属需要观察上司是稳步前行，还是急匆匆地赶路。这些不同的身体姿态，都显示了上司们不同的风度和修养以及心理状态。

小伟经过层层面试，终于如愿以偿地进入了这家公司。上班第一天，秘书请小伟去总经理办公室一趟，小伟有点激动，这可是第一次见领导呢。

秘书把小伟引进办公室以后就出来了，小伟忐忑不安地站在那里，只见领导正襟危坐，似乎正在批阅一些文件。察觉到有人进来了，经理头也不抬，询问道："是新人吧，今天第一天报到吗？"小伟本想点点头，但想到领导看不见，只好回答："是的，经理。"

这时经理才抬起头来，身体微微向前倾，说道："请坐，别紧张，我不过也是一个普通人，又不是吃人的老虎，你害怕什么？"几句话逗得小伟也忍不住笑了起来，接着，经理开始介绍："我们公司的大致情况，我想你在面试时应该很清楚了……"

在案例中，首先上司的坐姿给小伟的印象是正襟危坐，这表示上司本身比较稳重，而且充满自信。虽然，询问之初，经理并没有抬头，但随之的身体微微向前倾，则表示出他对小伟的尊重，再加上良好的语言表达，小伟可以感受到这是一位容易相处的上司。

到了年底，公司的销售额又翻了一番，对这样瞩目的成绩，全公司上上下下都特别高兴，同时轻松地吐一口气：终于可以过个好年了。

春节期间，公司员工小罗带着从老家带来的特产去给销售经理拜年。来到销售经理的家里，他看到销售经理正坐在椅子上，身体往后靠，双手放在脑后，双肘向外撑开，一副轻松惬意的姿态。小罗热情地打招呼：

“经理，过年好。”经理笑了笑，但没有改变自己的姿势，小罗在对面坐下了，有一句没一句地跟经理闲聊起来。很快，经理就将话题转移到了销售业绩上，小罗由衷地赞叹：“要我说，去年年底还是经理有办法，采取了小小的手段就让咱们公司赚得盆满钵满，您的功劳可是最大啊！”经理微笑着说：“哪里哪里，那都是咱们全公司员工的功劳，如果没有你们的加班出力，也不会取得那么大的成绩。”话虽这样说，但小罗观察经理的姿态则可以显现他此时多么自负。

在案例中，经理坐在椅子上，身体往后靠，双手放在脑后，双肘向外撑开，这表示他正处于一种轻松的状态，但同时也表示他很自负。通常当领导作出一定成绩后，都会采取这样的姿态，一方面放松心理，另一方面显示出自负。

心理启示

心理学家提醒女性朋友们，上司在说话时所表现出来的身体姿势往往显示其真实的心态。比如上司双手叉腰，肘弯向外撑，这是好发命令者的一种传统人体语言，往往也是上司在遇到具体的权力问题时所做的姿势；上司坐在椅子上，将身体往后靠，双手放到脑后，双肘向外撑开，这说明他这时很轻松，也暗含一种自负心理；上司在说话时从侧面拍拍下属的肩膀，这表示对下属的肯定和赏识，若是从正面或上面拍，则表示出轻视下属或展现自己作为上司的权力。

下属的消费行为暴露其生活观念

心理学家告诉女性上司们，通过一个人的金钱消费状况可以了解其价值观。作为上司，在平日的工作中，我们可以观察到下属一般都会把金钱消费在哪些地方，然后，再了解下属的价值观，以便更好地驾驭他们。有的下属会把大量的金钱消费在购买衣物上，有的下属则会把大量的金钱寄回老家，有的下属会把大量的金钱花费在吃喝玩乐上，还有的下属会把金钱用在自己的学习上、研修上。当然，不同的消费状况可以体现出不同的价值观，也由此看出，哪些东西在他们心中所占的分量比较重。

这天，小娜走进了经理的办公室，还没等她开口，经理就猜到她的用意了，这种情况不是一次两次了，几乎每个月都会这样，离发薪水的日子还有半个月，可她现在就想预支薪水。

果然，小娜大大咧咧地说："经理，我想提前预支这个月的薪水。"经理笑着回答说："你每个月都提前预支薪水，我想问问，你那些钱都干什么了呢？"小娜回答说："吃喝玩乐，我这么年轻，能拿钱去干什么呢？"经理说道："年轻人，日子可不是这样过的，你这不到一个月就成月光族了，以后要是有了家庭，怎么办呢？"小娜不屑地说："经理，您那都是老思想了，要知道，人生苦短，何必要对钱动感情呢，该怎么享受就怎么享受，以后，以后再说呗。"经理有些无奈："你这样的价值观可不行，你预支薪水可不是一两次了，每个月都这样，你到底是怎么想的？"小娜回答说："我每个月都在工作嘛，我想对于经理您来说，预支薪水这样的小事应该不难吧？"经理摆了摆手，说道："算了，你先下去吧，一会儿你到财务部领取薪水吧。"小娜高兴地出去了，剩下经理坐在那里感叹："这孩子，典型的享乐主义。"

小娜将大部分金钱用在吃喝玩乐上，从其金钱消费状况可以看出她是一个典型的享乐主义者。这就是通过消费状况窥其价值观的典型案例，作为上司，不仅仅要注重下属的工作情况，适时也应该了解下属的金钱消费情况，这样，你才能详细地了解下属，达到成功驾驭下属的目的。

1. 花费在吃喝玩乐上

有的下属将自己一个月的大部分工资花在吃喝玩乐上，是典型的月光族，最后，不是提前预支工资就是向同事借钱。心理学家认为，这样的下属是典型的享乐主义者，他们将人的生活归结为满足人的生理需要的过程，为了追求所谓的快乐，最大限度地满足物质生活，以此享受人生。

2. 花费在装扮上

有的下属会将大部分工资花在装扮上，如果你仔细观察就会发现，他们今天不是穿了新鞋子就是换了新衣服。心理学家表示，这样的下属比较注重自己的形象，他们中的大多数痴迷名牌，非名牌不买，似乎自己只要一身好的装扮，就可以证明自己很有能力。

3. 花费在家庭开销上

有的下属省吃俭用，会把自己的工资花在家庭生活中，或是寄给家里的父母。心理学家表示，这样的下属是幸福主义者，他们比较注重家庭，把家庭放在首要位置，在他们看来，钱并不是无所不能的，相比较金钱，他们更愿意与家人在一起。

4. 花费在自我提升、学习上

有的下属会将钱花在自我提升、学习上，比如买书或报学习班等。心理学家表示，这样的下属喜欢充实自己，在他们看来，人生就是一个不断学习的过程。不管出于什么目的学习，他们都愿意享受学习过程中的点滴快乐。

心理启示

心理学家提醒女性领导者们，通常情况下，一个人拥有什么样的价值观，会或多或少地体现在金钱消费状况上，他是享乐主义还是幸福主义，这都需要聪明的女上司去观察其金钱消费情况。

从下属日常兴趣把握其特长

心理学家认为，一个人的兴趣爱好，往往隐藏着优势。通常情况下，人们对于自己喜欢的、感兴趣的东西，那都是非常在行的。虽然，不能说精通，但或多或少会懂一些，因此，我们可以通过下属的兴趣爱好，挖掘其身上的优势。比如，有的下属喜欢玩益智类游戏，这表示其喜欢思考，思维敏捷，适合分析之类的工作。作为聪明的女上司，只有了解下属的优势在哪里，才能为己所用，也才能充分利用下属的才干，达到工作安排的最优化。

小吴是办公室里的一名文员，他平日里最喜欢约上几个朋友一起唱歌、喝酒，几乎每天晚上都有饭局。李经理经常看见一到下班，就有朋友来接他，偶尔外出应酬的时候，他还撞到过几次。没想到，做文员的小吴竟然有这么多朋友，李经理心中一动，有了主意。

这天，李经理把小吴叫到了办公室，对他说："小吴，你对现在的工作还满意不？"小吴回答说："还好，挺满意的。"李经理说："小吴，看你平日里很喜欢交朋友，每天都与朋友们出去玩，你朋友很多吧？"小吴有些得意地回答："是啊，我平时最喜欢结交朋友，可以说我的朋友各种各样。"李经理笑了，说道："我觉得你很擅长与人打交道，这样的优势不能浪费了，我想把你调到销售部去，在那里，每天都要与人打交道，而这正是你的长项，你觉得怎么样？"小吴想了想，回答说："行，我正好锻炼锻炼。"

于是，小吴从办公室的一名文员变成了一名业务员。事实证明，李经理并没有看错，小吴到了销售部，不到两个月就取得了很好的业绩，于是很快被升为销售部助理。

李经理通过对下属小吴的观察，发现其十分擅长与人打交道，而他自己做的却是文员工作。如此的优势被忽略了，无疑浪费了人才，于是，李经理向小吴建议，让他去销售部发展。果然，拥有较强交际能力的小吴在销售部干得相当好，不到两个月就升职了，他的个人价值也得到了发挥。而这一切都源于李经理的观察入微，了解下属的兴趣爱好，再量力安排工作，不仅提高了下属的工作效率，也使下属的能力得到了最大限度的发挥。

下面，心理学家就简单地列举几个下属的兴趣爱好，以此分析其隐藏的优势。

1. 喜欢结交朋友

有的下属性格外向，喜欢结交朋友，在工作中，与同事、上司都成了朋友；下班后，经常与生活中结交的朋友一起聚会。心理学家表示，这样的下属大多有较强的交际能力，对销售、公共关系、采访、信息传递等一类活动感兴趣。由此看出，他们比较适合做推销员、公关人员、记者、咨询人员、教师、导游等。作为上司，如果你了解到下属喜欢结交朋友，那么，就应该意识到他具有较强的交际能力，然后，充分利用其能力，使其价值得到最大限度的发挥。

2. 喜欢钻研项目

有的下属喜欢钻研项目，经常一个人坐在那里默默无闻，捣鼓一些东西，而且，研究出来的项目大多是被上司认可的。心理学家表示，这样的下属擅长分析、推理、测试的工作，优势在于理论分析，他们喜欢独立工作并解决问题，也喜欢通过做试验得出新的结论。

3. 喜欢循规蹈矩的工作

在工作中，有的下属喜欢常规性、重复性、有规则的工作，他们习惯在预先安排好的程序下工作。心理学家认为，这样的下属，不喜欢拼搏，喜欢循规蹈矩的工作，他们适合从事图书管理员、文秘、统计、打字员、公务员、邮递员等工作。

心理启示

从心理学来看，兴趣是指一个人力求认识某种事物或爱好某种活动的心理倾向，而由于兴趣的关系，他自然会对那个领域很熟悉，相应地，他会练就一些能力，而我们要做的就是将这些拥有不同能力的下属安排到合适的位置，尽其所用，这样一来，将有效地提高他们的工作效率，达到工作的最优化安排。

第 14 章

女人要懂交际场合中的行为心理密码

在日常交际中，最重要的沟通技巧并不是语言，而是我们的身体。根据大量的数据显示，超过一半的面对面交谈都是非语言形式的，也就是所谓的“肢体语言”，这经常是女人开口之前就表达出的自己的感觉和态度，反映了其对他人的接受度。

良好的握手姿势会为你加分

握手是人与人之间交际的一部分。在我们熟知的东西方礼仪文化中，西方见面打招呼的方式大多是互相拥抱，而传统的东方文化中，见面打招呼那就是握手。因此，千万不能小看这一动作，在很多时候，握手的力量、姿势与时间的长短往往能够表达出不同的礼遇与态度，显露自己的个性，也会给人留下不同的印象。也许，很多女人认为握手似乎是男人的礼仪，不需要女人重视。其实，这种想法是错误的，女人同样需要注重握手礼仪，才能不失身份，才能尽显自己的魅力。另外，职场女人越来越多地占据了自己的一片天地，她们在事业中能够独当一面，客户会见、会议洽谈、参加宴会等一系列活动不可避免，而在这些社交活动中恰恰通过握手这样的动作来显示自己的风范。因此，握手礼仪成为女人修养礼仪的重要组成部分，而懂得礼仪修养的女人才能绽放出与众不同的魅力。

一般来说，握手往往表示友好，是一种无声语言的交流，它可以沟通原本陌生的情感，可以加深双方的理解和信任。下面心理学家就对握手礼仪需要注意的几个事项进行简单的介绍，希望对众多女性朋友有所帮助。

1. 握手的顺序

一般来说，主人、长辈、上司、女士主动伸出手后客人、晚辈、下属、男士才能相迎握手。在这里，女性朋友不要陷入一个误区，那就是必须男士伸出手后自己才相迎握手。正确的礼仪之道是：男女之间，需女士伸出手后男士才能伸手相握。

当然，如果你所面对的男士比你年长，是你的父辈年龄，在一般的社交场合仍然是女士先伸手为主，除非男士已经是你的祖辈年龄，或者女士的年龄在20岁以下，则应该由男士先伸手。但是，也有一些男士忽略了握手礼仪的先后顺序而先伸出了手，这时女士也应该毫不迟疑地相迎回握对方。

2. 握手的方法

一般来说，正确的握手姿势是：当你握手时，要距离受礼者约一步，上身稍微向前倾。保持立正的姿势，伸出右手，四指并拢，拇指张开，向受礼者握手。当然，握手时的姿势不同也显示出不同的礼仪，当你掌心向下握住对方的手，会传递给对方自己高人一等的信息，应尽量避免使用这一握手姿势；当你掌心向里同对方握手，则表示出自己的谦卑；当双方的手掌都处于垂直状态，这是最常见也是最稳妥的握手方式。千万要切记，握手时应该伸出自己的右手，如果你的右手有水或不干净时，应该谢绝握手，同时必须解释并致歉。

握手的力度要掌握好，如果你握得太轻了，对方会觉得你是在敷衍他，显得极不礼貌；如果你力度太重了，也会有失你的身份，让对方感到你动作的粗鲁。而很多女士在握手的时候，把自己的手软绵绵地递过去，这也是失礼的一种表现。既然与对方握手，就要大大方方。

握手的时间不宜过长，最好在1~3秒为宜，千万不要握住对方的手不放。与重要人物握手或者与男士握手，时间在1秒钟左右为宜。

3. 握手礼仪需要特别注意的几个问题

如果你戴着手套，握手前需要取下。如果来不及取掉自己的手套，也应该向对方说明情况并表示歉意。在一些隆重的宴会上，有的女人会穿晚礼服并戴着通花的长手套，这时候就不必取下手套。

一定要切记，在任何情况下拒绝对方主动要求握手的举动都是无礼的表现。如果遇到特殊的情况，应该谢绝握手，但也应该向对方解释清楚。

当很多人一起见面的时候，注意千万不要交叉握手，也就是当已经有两个人在握手时，你不要把自己的胳膊从上面架过去，着急与另外的人握手。你应该等握手的双方已经松开了手再进行自己的握手礼仪。

心理启示

美国著名盲女作家海伦·凯勒曾写道："手能拒人于千里之外，也可充满阳光，让你感到很温暖……"的确是这样，握手已经成为一种语言，也是一种无声的动作语言。今天，握手在许多国家已经成为一个常见的礼节。一般情况下，我们与人初次见面，朋友久别重逢，辞行或者送行都会以握手来表达出自己的好意，这似乎成为最常见的一种见面礼、告别礼。当然，在某些特殊场合，比如你向人表示祝贺、感谢或慰问时；交谈双方达成了共同的协议时；交谈双方本来出现了意见分歧，但通过交流出现了良好的转机时，都可以以握手为礼。其实，对于大多数人来说，握手就是一种打招呼的方式。

女人在宴请中应掌握的行为语言

无论在西方还是在中国，宴会都是职场社交活动中较常见的形式之一。对于一个女人来说，了解一些宴会的基本仪态知识，无疑益处多多。另外，宴会也是人际交往中促进关系发展的重要手段，在参加宴会的过程中，足以使宾主之间关系得到进一步发展，也能够通过参加宴会结实新朋友，扩大自己的交际圈子和视野。而中国人向来喜欢在餐桌上讲话，这时通常能够看出一个人的修养和内涵。女人在宴会中一直占据重要的位置，从古代君王宴会时必有歌女在一旁助兴，到今天的每次宴会都少不了几位女性朋友。我们可以理解为，当一个漂亮又有气质的女人坐在餐桌前，不仅可以让在座的男士赏心悦目，也可以适当地调节餐桌气氛。因此，作为一个女人，更应该知晓一些宴会仪态，要知道，当你优雅地出席宴会时，就是你最美丽的时刻。

小红是一个刚毕业的大学生，毕业以后，她幸运地找到了一份日企的工作。工作中，她一直很卖力，只为在公司得到晋升，可是一次小小的失误让她在公司几百人面前颜面扫地。

这家日企的老板对中国菜很喜欢，几乎达到了痴迷的程度，以至于每次公司宴会都是以中餐为主。小红是新员工，在她到公司两个月以后，老板就提议要办一次宴会。小红对这次宴会并没有在意，因为她早打听了是中餐。

那天，老板带着公司员工来到了事先预订的饭店。菜一次上齐后，小红就随便坐了下来，这时，主管提示她："这不是你的位子，这是部门经理的，你应该坐那边！"小红反而说："真麻烦，坐哪里不都一样？"幸好那个部门经理很有涵养，忙说："是啊，坐哪里都一样！"而接下来，小红犯了更严重的错误，她素来吃饭不雅，吃饭的时候居然发出很大的声音，好多女同事都偷偷笑话她，她还浑然不知。这时候，老板用不太流利的中文说："吃"发"是不能发出声音的，这样很不优雅！"小红这才意识到自己的失礼之处，大家顿时被老板的不地道的中文逗笑了，小红羞愧难当。

餐桌上尽显女人的素质和涵养，由于小红没有对这件事给予足够的重视，使得她在公司众人面前丢了面子，同时，给公司同事留下了不好的印象。由此可见，参加宴会并不是一件简单的事情，也并不是穿上漂亮衣服就能够体现优雅素质的。其实，宴会上值得女人学习的礼仪很多，大到座位的安排次序，小到水果盘中牙签的用法，而概括起来，有以下几个方面。

1. 应邀礼仪

当自己接到宴会邀请的时候，不管是请柬还是邀请信，是否出席需要尽早答复对方，这样便于主人作出安排。一般情况下，邀请函上注有"请答复"字样的，无论你出席与否，都应该快速答复。若是注有"不能出席答复"字样的，则不能出席的时候才回复，但也要回复及时。

在答应接受邀请之后，不要随意改变主意。特殊情况下不能出席，恰巧你又是主宾，应及早向主人解释、道歉，甚至亲自登门致歉。另外，在出席宴会之前，需要核实宴请的主人，宴会举办的时间以及地点，是否邀请了配偶以及对参加宴会着装的要求。

2. 掌握好时间

出席宴会，你抵达的时间迟或早，逗留的时间长或短，在一定程度上反映了对主人的尊重，而迟到、早退、逗留时间过短会被视为失礼或有意冷落。如果身份较高，则可以稍晚到达，对于一般客人，应稍早到达，而宴会结束后，需要主宾退席后再陆续告辞。

在出席酒会的时候，应在请柬上注明的时间内到达。在宴会进行中，如果有事需要提前退席，应该向主人说明情况后悄悄离去，或者提前打招呼，届时离席。

3. 礼节性地祝贺

到达宴会地点后，应先到衣帽间脱下大衣和帽子，然后前往主人迎宾处，主动向主人问好，如果是庆祝活动，应表示衷心的祝贺。也可以按照当地风俗，赠送鲜花，若是参加家庭宴会，可以给女主人赠送少量的鲜花。

4. 宴会的座次

参加正式宴会，应听从主人的安排，如果桌上有桌签，一定要看清楚对号入座，切不可随意乱坐。可以先了解自己的桌次和座位，入座时应留意座位卡上是否写着自己的名字，如果旁边的是年长者，应主动协助他们先坐下。

5. 就餐时的仪态和举止

在入席的时候，需要保持优雅的风度与良好的仪态：双手应该是干净的，头发应该梳得整齐，椅子摆放适当。身子坐直，双脚靠拢，两脚平放在地上，不可将两腿交叠，双手不宜放在邻座的椅背上，或者把手放在桌上，更不要把双肘撑在餐桌上，这都是失礼之处。

就餐的时候，不管菜肴是否可口，都应该吃一些，表示尊重，不要拒绝。进餐的时候自然大方，从容进食，不能狼吞虎咽，暴饮暴食，也不要过分地细嚼慢咽，扭扭捏捏，这样给人的感觉很做作。

当然，优雅女人的吃相也应该是优雅的：咀嚼食物的时候应双唇合拢，不要发出很大的声音；进食应适中、适度；不要去夹离自己很远的食物；喝汤的时候不可啜饮，而应一口咽下。在餐桌上，如果控制不住要打喷嚏、咳嗽，应用手帕捂住口鼻，低头向一旁，尽量避免发出很大的声音，且轻声说“对不起”。

6. 就餐时言谈的礼仪

在西方人看来，宴会上需要保持安静，少说话，但是，并不是宴会上不能交谈。一般情况下，宴会上的谈话应该是自由的、随意的。但是，在交谈的过程中，还需要注意几个问题：如果你想与旁边的人说话，不宜用手碰对方；与旁边的人说话时，无须将自己背朝着另一个人；不要隔着别人进行两个人的交谈，比如与餐桌对面的人交谈；嘴里在咀嚼食物的时候，不宜说话。在正式宴会上，说话不宜太多，口若悬河只会令人厌烦，要学会控制自己的情绪，不要就某个问题进行争论，也不要在餐桌上嘲笑别人。

7. 就餐礼仪禁忌

不要使用餐巾布或餐巾纸去擦拭餐具，避免引起误会；给客人布菜的时候，一定要使用公众餐具；宴会结束后，不要当着别人的面拿走桌上的东西，包括烟酒、饮料、水果等。

心理启示

女人学会一些宴请的礼仪，才能显示自己的身份，使自己成为宴会上极具优雅之美的魅力女人。如果你不知晓一些宴请的礼仪，稍有不慎就会毁灭自己的形象，颜面尽失。因此，作为一个女人，无论是在社交中还是工作中，都需要掌握一些宴请的礼仪，这对于提高自己的交际能力和修养礼仪大有帮助。

女人在交际中的坐立行姿态

一个女人的举止、动作、表情与其修养、内涵有关，在社交场合中，优雅的仪态可以透露出你良好的礼仪修养。培根曾经说："相貌的美高于色泽的美，而优雅合适的动作美，又高于相貌的美，这是美的精华。"一个女人不仅需要注重自己的外在美，更需要注重自己的举止之美，通过坐立行的姿态来透露自己的礼仪修养，如此，你才能称得上是一个有修养的女人。一个容貌漂亮的女人，如果不小心做出粗鲁的举动，那一定会使她光芒尽失。女人的举止之美体现了其优雅的气质修养，是魅力之源。作为一个现代女性，不可避免地会参加很多社交活动，这时不仅需要服饰得体、妆容精致，还需要表现出举止之美以及具备良好的礼仪修养。所谓"礼仪修养"，即"坐有坐相，站有站姿"。在社交场合，女性的礼仪姿态是传递信息的符号，也是表情达意的一种方式，更是辨别雅俗的重要尺度之一。

在现实生活中，有的女人站没站相，坐没坐相，其实，她明明是一个能干的女人，但是，无论坐、立、行，总是弯着腰歪着脖子，给人一种懒散的感觉，这样的人难以赢得他人的好感。其实，一个人的站姿和坐姿能够体现其修养，因为一个有修养的人会严格要求自己的一言一行，哪怕一个最基本的站姿，她也不会马虎了事。

那么，如何才能修炼优雅的坐立行姿态呢？

1. 坐姿

优雅的坐姿会给他人传递自信、友好、热情的信息，同时也会表现出自己良好的修养。环顾四周，我们经常看见有的女人两腿叉开，腿抖个不停，还把腿跷得很高，这样不雅的坐姿实在让人不敢恭维。优雅的坐姿应该是：在站立的姿态上，后退能够碰到椅子，再轻轻地落座，双膝并拢，腿可以放在中间或者两边。在一些公开场合，最好不要跷腿，如果穿的裙子较短则要小心盖住。

另外，还需避免一些不雅的坐姿：双腿不宜叉开过大，无论是大腿叉开还是小腿叉开，都是极为不雅的；将双腿直接伸出去，这样会妨碍别人，也显得姿势不雅；将双腿放在桌椅上，这样的举动是很粗鲁的；在他人面前，频繁地抖动或摇晃双腿，这样会让人心烦意乱；将自己的脚尖指向他人，这是非常失礼的举止；在他人面前用脚自脱鞋袜，这是非常不文明的举止；坐着的时候，用手抚摸小腿或脚，既不卫生也不雅观；将手放在桌下，或者手肘支在桌子上，夹在两腿间都是不雅的姿势。

2. 站姿

优雅的站姿能够彰显一个女人的气质和气度，一般来说，基本的站姿要求就是挺直、舒展、线条优美、精神焕发。优雅的站姿应该是：把身体的重心放在一条腿上，另一条腿则微曲，两肩放平，腰板挺直。如果你站着等人，还需要注意来人的方向。需要避免的站姿是：两脚分开太大；交叉两腿而站立；两肩不平衡，一个肩高一个肩低；两只脚在地上不停地划弧线；两腿交叠斜靠在马路旁的栏杆、招牌上；和朋友勾肩搭背地站着。

3. 行姿

一个人的走姿是站姿的延续动作，与站姿不同的是，走姿有行走的动态美。当一个女人款款向我们走来，她的走姿风姿绰约，堪称风华绝代。走路的正确姿势是：抬头挺胸收腹，腰背笔直，目光平视前方，双臂自然下垂，手掌心向内，以身体为中心前后摆动。需要保持步履轻盈，端庄文雅，显示出温柔之美。

当然，在现实生活中，我们需要注意几种特别的走姿：走楼梯的时候，需要走专门指定的楼梯；不要在楼梯上停留太久；谨记“右上右下”的原则；注意礼让别人，不要和他人抢道。进出电梯的时候，使用专用的电梯，不要和来访的客人搭同一部电梯；谨记“先出后进”的原则；尊重身边的乘客，进出电梯需侧身而行，进入电梯尽量站在里面，下电梯前需换到电梯门口。当你需要进他人房间时，需要轻轻叩门或按铃；开关房门时，最好是反手关门、反手开门；谨记“后进后出”的原则，和别人一起进门或出门的时候，要请对方先进门、先出门。

心理启示

良好的礼仪修养不仅仅是对一个女人行为举止的基本要求，同时也体现出一个女人的涵养。在日常交际中，要想赢得他人的好感，需要我们注意自己的行为举止，以自己的优雅形象来打动对方。有的女人坐立行姿态皆优雅，其实，这就是她们的修养魅力，包括什么场合穿什么衣服，在公开场合如何坐立行走，时刻以文明端庄的行为举止来展现自己的魅力。这样的女人在日常交际中游刃有余、应付自如，她们常常备受欢迎。所以，作为一个女人，千万不要忽略自己的言行举止，无论是站姿还是坐姿，我们都要有所规范，以自己的礼仪修养来打动对方，赢得他人的好感。

女人在交际场合中的性感姿态

女人的性感绝对最有吸引力，它会让其他女人心生嫉妒，令男人欲罢不能。大多男人是无法抗拒一个女人的性感的，而女人的性感似乎也是为了展现给男人看的。女人的性感是一种以内心的智慧和外在的妖娆修炼而得的状态、气质和表达。女人的性感并不是与生俱来的，它是女人后天慢慢修炼的。更多的时候，女人的性感是做出来的，是经过内在的欲望和外在魅力的修炼表现出来的某种状态和气质。她们有时候表现的或是轻咬嘴唇，或是小露香肩，或是微露后背，或是衣衫浸湿展现自己姣好的身材，或是沙哑而富有诱惑力的嗓音，而这些不经意间做出的小动作和流露出的表情，是她们性感的生动表现，因为在男性看来，那就是极具诱惑力的魅力。

女人的性感虽然通过外表来呈现，但是它的根本点是来源于内心的智慧。很多女人走入一个性感的误区，她们认为自己的身体暴露得越多就越性感，其实并不是这样。适当地使自己的身材若隐若现，那是一种诱惑人的性感，但是如果你不加限制地暴露自己的身材，你的性感就会变成肉感，给别人的感觉就是你是个低俗的女人，对于别人没有任何吸引力，甚至会让人对你产生厌恶之感。女人切忌只关注自己的身体，甚至认为只要穿着袒胸露背的衣服，搔首弄姿，就会使自己看上去很性感。其实，性感只是你不经意间表现出来的一种状态、气质和表达，它不是一种刻意的表现。做一个性感的女人，要懂得掌握好度，性感过了头，那就变成了低俗。所以，有魅力的性感，是诱惑而不是放纵，是挑逗而不是放荡，既能吸引众人的眼球，又能使自己良好的形象得以展现。

1. 挥弄头发

这是大多数女人都会选择的安全性最好的动作。女人拨弄头发的举动很自然、优雅，并且给人无限的想象空间。当你的秀发轻轻地飘飞，散发出迷人的发香，对男人来说就像是迷魂剂，可以让所有的男人魂飞魄散，你的无心之失就会惹得男人心花怒放。女人这个自然的小动作，会为女人的魅力加分。

2. 伸懒腰

女人早上起来，或是工作间隙的时候，惬意地伸个懒腰，表现出了一种小女人样的可爱，慵懒的体态让你觉得很舒服。那种慵懒的感觉就像是一只小猫，让你想要抱抱。如果你是上班族、白领、女强人，学会在丈夫或恋人面前多撒娇，伸懒腰，给爱你的男人一种想要呵护你的感觉。另外，你伸懒腰的时候，可以自然地展现你的优美线条，让你性感的身体曲线暴露无遗。

3. 双腿交叉坐姿

女人的坐姿很重要，而双腿交叉的坐姿最优雅，也是最性感的。看到女人双腿交叉，最容易引人遐想，尤其是女人穿着短裙的时候。这时候，女性也要适当地注意，既能优雅从容地交换自己的双腿，又避免自己春光外泄。

4. 站着穿鞋

女人如果站着穿鞋，就可以展现出自己优美的线条。当你站着穿鞋的时候，单脚着地自然就会站不稳，显得身体摇摇欲坠，就可以激发男人想保护的欲望。

5. 按摩小腿

女人按摩小腿的时候，会让你的注意力都集中在美腿上。这个动作对男人而言，无疑是最性感的。

6. 穿迷你裙上楼梯

女人穿着迷你裙上楼梯，相信所有的男人都希望走得慢一点，希望永远不要走到楼梯的尽头。女人上楼梯时的姿态，在男人看来就是一种性感。

7. 吃水果

女人吃水果的时候，舌头就会自然伸出，嘴型非常性感，会让男人忍不住想要一亲芳泽。尤其是吃樱桃的时候，舌尖轻轻地抵触，轻松迷倒男人。

8. 调整内衣肩带

女人调整内衣肩带的动作，最容易令男人浮想联翩。

9. 手指轻抚嘴唇

女人的嘴唇诱惑力相当大，对男人实在是一种诱惑，女人这个充满诱惑力的动作，更令其魅力大放异彩。

心理启示

女人的性感，有时候就是一些细微的举止、动作一瞬间散发出来的极具诱惑的魅力，所以说女人的性感其实是可以做出来的。你可以在内在的智慧上再修炼妖娆的外表，就会使你的性感完美地展现出来。女人学会一些性感的小动作，就会使你的性感魅力尽情绽放。当然，心理学家建议，并非每个公众场合女人都需要做一些性感的动作，适当即可，比如多在心仪的异性朋友面前展现，少在办公室、谈判场合等处所展现这些身体语言，以免引起一些不必要的误会。

用你的身体语言拉近彼此的距离

在日常交际场合中，女性朋友需要记住，最重要的交谈技巧并不是语言，而是身体语言。许多女人意识不到自己的那些表示拒绝的肢体语言，比如双臂交叉，几乎没有眼神交流，没有微笑等，是造成彼此之间无法长久交谈的原因。对方会根据我们发出的第一个信号进行判断，假如我们给对方的第一印象不是开放和友好的，那就难以维持彼此之间愉快的交谈。

那么，在交际场合中，女性朋友应该用哪些身体语言去拉近彼此之间的距离呢？对此，心理学家给出了这样一些建议：

1. 微笑

心理学家认为，舒心的微笑是友好、热情并愿意进行沟通的有力暗示。微笑是一种容易接受的非语言信号，当女人对他人露出微笑时，是希望对方也能够对自己微笑。当你微笑的时候，意味着你以一种积极的方式注意到了他人，而对方会认为你的微笑是一种尊重、恭维，自然也会对你微笑。

2. 身体向前倾

心理学家认为，当你与对方交谈的时候，身体向前倾表明你正在听对方说话，并对其很感兴趣，这对于别人来说通常是一种恭维，他会很愿意跟你交谈。假如女性朋友经常用手支着下巴或把手放在脑后，身体往后靠，则这种姿势所发出的信号是听者对交谈感到怀疑和不耐烦，由于大部分人被猜疑时都会感到不自在，身体向后靠的姿势会导致谈话无法继续下去。在交谈中采取一种随意、自然的身体向前倾的姿势会比较好，这种姿势表示“我在听，并且我对你的谈话很感兴趣，继续说下去”，对方会觉得你对他的谈话内容感兴趣，所以愿意跟你继续谈下去。

3. 保持一定的社交距离

心理学家认为，个人空间是肢体语言很重要的一部分，不过个人空间并没有一个固定的合适距离，而是随着人们的社会文化背景、地位、性别以及喜好的不同有所差异。给女性朋友一些建议：了解、理解并尊重别人的个人空间，利于消除因为站得近而在交谈过程中产生的不适感。通常而言，社交距离是0.9~1.5米，这样的距离适合正式的交谈，比如谈生意或工作中的正式交谈；0.4~0.9米，这种距离适合好友、家人或熟人，希望互相认识或进一步了解对方的人可以站得近一些。

4. 适当的眼神交流

心理学家认为，通过眼睛表达的非语言信息是最强烈的，直接的眼神交流表明你正在听对方讲话，而且你很愿意了解他，在眼神交流的同时，给对方一个舒心的微笑，则你发出的信号是：我很愿意与你聊天，并希望能够增进对你的了解。当然，眼神交流应该是自发的，或是过于主动的，当你与他人有眼神交流的时候，最好中间有一定距离，你可以观察对方脸部的其他部位，尤其是嘴巴。当你对别人说话的时候，可以向上、向下或向四周看看，目光不必一直保持接触。眼神交流过多会适得其反，假如你一直盯着对方看，会令对方感觉不舒服，甚至怀疑你别有用心。

心理启示

这些都是一种非语言姿态，这会使你更容易接受和被接受，因为在说话之前，你的肢体语言会先起作用，所以发出一种让自己容易被接受的信号是很关键的。当你用开放性的肢体语言时，你正在发出这样的信号：我是善意的，如果你愿意的话，我很有兴趣与沟通。

第 15 章

女人要懂男人的行为心理信号

在人际交往中，喜欢、暗恋等不便当面表白的情感使恋人之间的关系变得异常微妙。尤其令女性朋友们常常感到疑惑，似乎恋人的心思总是犹如雾里看花，看不透，摸不着，弄不明白。心理学家支招，其实，只要女性朋友学会关注某些细枝末节，就能够看破恋人的心理。

男性系领带行为所泄露的心理

西装，自它诞生起就成为男人服饰中不可缺少的部分，直到今天，这个地位丝毫没有动摇。一般而言，正式的西装有单排纽扣和双排纽扣之分，每一个爱美的男人都可以凭着自己的喜好来选择，这样并不会花费太多的精力。不过，作为西装最重要的配饰品——领带，却让许多男人伤透了脑筋，领带结如何打才好看，才能体现出自己的风采，这些都是他们需要考虑的问题。在生活中，许多女人总是抱怨“不了解男人”、“不知道他心里在想什么”，其实，我们都忽视了，一个小小的领带结也能泄露男人的心理信息。不同的男人打领带结的时候，其形状也大不相同，有的领带结又小又紧，有的领带结不大不小，有的领带结又大又松，聪明女人可以对此仔细观察，以此了解男人心里的真实想法。

阿威年近三十了，独自经营一家公司，平日里工作繁忙。不过，阿威骨子里却是一个喜欢自由的人，每到休息的时候，他都会开车出去旅游，寄情于山水，游戏于人间，每次旅行回来，他都觉得心里很轻松。

肖璐初次见到阿威，就注意到一个细节，其他的男人都会将自己的领带结打得不大不小，但阿威的领带结却又大又松，看起来不那么美观，不过，这丝毫不影响阿威的风度翩翩。很快，肖璐就发现，在阿威严肃的外表下有着丰富的内心世界，有时候，他像孩子一样快乐；而在工作的时候，他严肃得让人害怕。他从来都不喜欢拘束的生活，而是寻找自己的自由空间，在社交场合，他就是那道最独特的风景线。肖璐与阿威一起出席过不少活动，每次阿威一出场，都会引来阵阵尖叫。肖璐觉得，自己不能再等了，需要主动出击，让他真正成为自己的专属用品。

阿威打领带结的独特方式，恰好体现了其心理活动，如丰富的情感，不喜欢拘束，追寻自由等。

下面，心理学家就简单地介绍几种常见的打领带结的方式，以此洞悉男人真实的内心世界。

1. 又小又紧的领带结

有的男人打领带，喜欢将结打得又小又紧。心理学家分析，如果这样的男人身材瘦小，那么，他这种打领带结的方式是希望自己变得高大起来；如果他的身材并不瘦小，那么，他这样做的目的是想告诉别人“你最好不要惹我”。

这样的男人大多有较强的自尊心，无法忍受他人的轻视和怠慢，气量狭小，经常为了一些小事而生气。由于他们在工作中谨言慎行，巨大的压力使得他们有严重的猜疑心理，性格多比较孤僻。任何时候，他们所想的都是自己，喜欢享受生活，而且，对金钱比较吝啬，甚至一毛不拔。如此没有气量、风度的男人，自然交不到什么朋友，所以，他们总是孤军奋战。

2. 不大不小的领带结

有的男人似乎经常打领带，他们所打出的领带结不大不小，十分美观。一般情况下，除了领带的颜色以及男人的长相，任何男人只要配上这样的领带结，都会显得很有精神，可以说容光焕发。

心理学家认为，这样的男人有较强的自我控制能力，为了获得一种心理满足，他们会在交往过程中收敛自己的行为，谨言慎行，任何时候，他们都表现得彬彬有礼，不敢随意逾越。他们很清楚领带对自己整体形象的修饰作用，因此，他们在打领带的时候，总是一丝不苟，给人以美感。不过，这样的男人喜欢过循规蹈矩的生活，他们把大部分时间都花在了工作上，努力上进。

3. 又大又松的领带结

通常情况下，领带的作用是为了让男人看起来更温文尔雅，不过，有的男人却喜欢把领带结打得又大又松，却丝毫不影响其风度翩翩。心理学家表示，这样的男人内心情感比较丰富，他们通常会表现为两面人：工作时表现得很严肃，休闲时表现得很轻松。他们不喜欢拘束的生活，追求自由，有较强的交际能力，通常会成为交际场合的亮丽风景线。

心理启示

心理学家提示女性朋友们，在生活中，领带之于男人就相当于丝巾之于女人，都是不可或缺的。不同的是，男人真实的内心世界却可以完完全全地体现在领带结的形状上，如果你仔细观察周围的男人，就会发现他们心理的蛛丝马迹。

他是否对你产生好感

对于大部分女性朋友而言，她们心底总有个困惑：如何判断一个男人是真爱自己，还是逢场作戏呢？对此，心理学家将为你支招，通过观察男人的肢体语言，一眼看穿他是否对你产生好感。

心理学家表示，一旦男人对你产生好感，其会做出一些明显的小动作：

1. 抚摸嘴角或下巴

假如你们只是第一次见面，或者仅仅是朋友的聚会，抑或是工作上的往来，两人还没来得及熟悉，而这位男士已经明显地流露出他对你的好感，甚至单独约你吃饭等。对此，心理学家提醒各位女性朋友，先别急着高兴，即使男人对你一见钟情，但过于轻率地表达，总会让你感到不安。通常情况下，当一个男人遇到他喜欢的女人时，不管是荷尔蒙的“即兴”发作，还是对你心动，仅仅从对方的言语中是难以分辨的。不过，男人的肢体语言却是难以撒谎的。心理学家表示，当男人对一个并不十分熟悉的女人产生莫名的好感时，他的手会不自觉地在嘴边游走，比如时不时地擦下唇，或者挠一下下巴等。

2. 不经意靠近自己的敏感部位

心理学家认为，当男人对一个并不十分熟悉的女人产生好感时，他们的双手会不经意地靠近自己敏感的部位，比如插在裤兜里，或者把手放在腰间，这是男人的潜意识在作怪。因此，当你面前的男人做出这些微妙的小动作时，则表示他正向你透露：我真的很喜欢你。

3. 移动双脚的姿势

心理学家分析，男人与女人的最大不同之处在于，他们可以性爱分明。假如一个女人让他们欲望大于心动的感觉，他们会使出自己惯用的应对策略，一步步把女人骗上床。但是，假如他们遇到了令自己心动甚至心跳加速的女人，就会感到慌乱而不知所措。这时他们的身体会暴露一些信息，比如他们会不自觉移动双脚摆放的姿势，让两只脚尖朝向你，还时不时地翘起脚尖等。这是由于在人的大脑中，脚部与性器官的神经是紧密相连的，因此，当他们的内在欲望被激发的时候，双脚也受到了影响。

4. 大拇指向上翘起

心理学家认为，雄性动物的本能就是征服，所以，当一个男人的雄性荷尔蒙被强烈唤起的时候，他们身体的许多部位都会不由自主地产生一系列反应——克服地心引力，努力向上。通常情况下，男人说话时会不时地挑高一边的眉毛，身体会随之前倾而十分挺拔。而对于那些喜欢用手势语言的男人，女人需要特别注意其大拇指，也会向上翘起。

心理启示

心理学家认为，许多女性都误以为，男性就像是一只随时都可以发情的牛。确实，男性是可以性爱分开的。与女性相比，他们可以对许多女性兴趣高昂，却不可能爱上每一个与他们上过床的女人。当然，也并非所有女人都会让他们产生身体反应，男人往往是“先性后爱”。不管任何男人，假如他的身体对你有“反应”，那就是爱的开始，更是最直接的证明。

从男友亲吻的部位了解其心

心理学家认为，正因为爱情是丰富的，所以世界才会变得丰富多彩、姿态万千。而爱情中的种种行为也可以让我们如愿地了解对方真实的心理，比如男友平常最喜欢亲吻的部位，假如你是一个处于热恋中的女人，心理学家建议你仔细观察你男友的行为，尤其是他亲吻的部位。

下面，心理学家就列举男人通常喜欢亲吻的几个部位，从而体现其心理状态或特征：

1. 亲吻额头

有的男人喜欢亲吻女人的额头，心理学家表示，这样的男人善于积极创造人生，他们有较好的人际关系，能够给人温柔体贴的感觉，他们的爱情通常是尽在不言中。

2. 亲吻鼻子

有的男人喜欢亲吻女人的鼻子，心理学家认为，这样的男人比较注重身体的欲望，他们有双重的性格，比较贪玩任性，在事业上难以获得成功。

3. 亲吻耳朵

有的男人喜欢亲吻女人的耳朵，心理学家认为，这样的男人比较容易理解别人，他们能够站在别人的角度去理解对方的痛苦与心情。在对待感情上，他们敢爱敢恨，不过，在交际中他们很会利用别人达到自己的目的。

4. 亲吻手臂

有的男人喜欢亲吻女人的手臂，心理学家认为，这样的男人很善于寻找人生的机会，他们懂得试探别人的需要，很会寻找良好的机会。

5. 亲吻手心

有的男人喜欢亲吻女人的手心，心理学家认为，这样的男人渴望得到女人的真心，他们通常渴望有品位的爱情。

有的男人则相反，他们喜欢亲吻女人的手背，心理学家认为，这样的男人经常被别人称为“情圣”，他们不但懂得掌握男女感情，而且还懂得伺机而动，有较大的野心。

6. 亲吻头发

有的男人喜欢亲吻女人的头发，心理学家分析，在两性关系上，这样的男人比较喜欢吃醋，有较强的嫉妒心和占有欲。在感情生活中，他们容易遭受挫折，有时还会因为感情而毁了自己的事业。

7. 亲吻眼睛

有的男人喜欢亲吻女人的眼睛，心理学家认为，这样的男人可以为了感情而不惜牺牲一切，他们希望能够征服心中的情人。

8. 亲吻脸颊

有的男人喜欢亲吻女人的脸颊，心理学家认为，这样的男人性格比较温和，他们在交际场合中总是“以和为贵”。他们比较重视友情，始终忠于感情，不过这样的人往往容易遭受欺骗。

9. 亲吻脖子

有的男人喜欢亲吻女人的脖子，心理学家认为，这样的男人对感情总是三心二意，在他们看来，世界上并不存在天长地久的感情，不过他们却自私地要求对方忠于自己。

10. 亲吻肩部

有的男人喜欢亲吻女人的肩膀，心理学家认为，这样的男人在精神上十分需要安慰，然而，即使他们内心无比渴望安慰，也从来不会轻易地表达出来，这样的男人很容易遭受欺骗，被骗了自己还浑然不知。

心理启示

心理学家认为，女性朋友们不能仅仅把恋人之间的亲吻当作衡量爱情的标准，其实这个看似甜蜜的行为却隐藏着男人较为真实的一面。女性朋友们，不妨认真观察一下你身边的那位男士，判断其真实的心理。

如何识别花心的男人

大多数女人对男人花心都比较头疼。作为一名聪明的女性，绝不能心慈手软姑息养奸。一旦你发现身边的男人有什么风吹草动，就要仔细观察其行为，剖析其心理，看他是不是花心大萝卜。

下面，心理学家就告诉女性朋友们如何轻松地识别花心男人。

1. 看男人在公众场合对你的行为

心理学家认为，假如男人在公众场合不愿意将你介绍给他的朋友，则表示他可能有问题。假如你们在一起逛街时巧遇他的朋友，他不怎么愿意向朋友介绍，你可以要求他为你介绍，比如“不介绍一下？”这时女人需要注意他在介绍时使用的称呼以及他的表情，假如他一本正经地介绍，你趁机在他朋友面前和他显得亲昵一些，观察他的反应，若他主动配合你，则表示你在乎你；若他有点僵硬，想撇开你的手，则表示他可能有问题。

2. 突击试探时的表情

心理学家表示，假如你最近发现男朋友行为有点可疑，你可以在最有把握的时候突击试探“昨天，我的一个朋友看到你跟一个女生在一起？”假如男人心虚，他会大变脸色，浑身激灵一下，非常着急地问：“看见我在做什么？”

3. 观察对方的日常行为

心理学家认为，女性朋友可以买一个礼物给他，叮嘱他经常把东西戴在身上，假如他约会其他女人，就一定会将你送的东西取下来而戴上另一个女人送的东西，在这种情况下，他免不了出纰漏，比如忘记把另一个女人送的礼物取下来，你就可以观察到了。

4. 观察男人接电话的行为

心理学家提醒女性朋友，假如男人在和你约会的时候手机没响，他却偷偷走到阳台去接电话，这表明他可能有不可告人的秘密。你可以找机会观察一下他手机里的留言或者电话，或许你会有所发现。因为男人和一个女人约会时，另一个女人的电话来了，这是忌讳，而那些花心的男人通常会调成振动模式。

5. 观察其他女人对他的态度

据社会调查，花心男人经常与身边熟悉的女人打成一片。对此，心理学家分析，花心男人比较狡猾，有时会伪装得很隐蔽，就连他身边的女人都难以发现。不过，从你比较熟悉的女人身上往往容易发现破绽与漏洞。女人通常对爱情有一种占有欲，与其他女人分享一个男人是一件很痛苦的事情。假如你发现其他女人对你的男朋友温柔而体贴，对你却躲躲闪闪，甚至有抵触情绪，这表示很有问题。

6. 看他是否真的在加班

心理学家分析，为了抽出时间与其他女人约会，花心男人常常谎称自己在加班。这时你可以打电话到他的公司，检查看他是否真的在加班。当然，这件事你可以让自己较好的朋友去做，为了妥当起见。假如他真的不在公司，那你可以重新来认识你的男朋友了。

7. 看他对“突击检查”的反应

心理学家认为，假如你的男朋友是个花心男人，那他一定不愿意带你进他的家门，即使你主动要求去看他，他也会想办法拒绝你。这时你可以走到他住的地方楼下，打电话给他，解释说出来逛街正好路过，然后要求上门拜访他的父母。假如他慌忙拒绝你，则表示他心里肯定有鬼，即使不花心，也难以让人相信。

8. 看他的消费情况

心理学家表示，女人不要开口质问男人把钱都花哪里去了，只需静静地观察，注意钱的去向。假如近段时间没有太大的消费，而他的钱却花得很快，那就需要调查一番。有时候，会在他口袋里发现消费的收据，假如那是较为适合男女约会的场所，就值得怀疑了。

9. 看他身上是否有残留的香水味

心理学家认为，女人通常都有自己固定的香水品牌，因此，假如有一天你从他身上闻到了陌生的香水味，则表示他可能与别的女人在一起。虽然，这种鉴别方法比较古老，不过却很有效。

心理启示

心理学家提醒女性朋友们，以上是男人花心的通常表现，但并不是说有这种表现的男人就一定花心，比如身上有残留的香水味可能是见了一位女客户。不过，可以肯定的是，假如这十种表现中有五种行为同时出现，则表示这个男人是可疑的，女性朋友需要小心为妙。

女人，细节泄露你的心

俗话说："女人心，海底针。"意思是说女人的心思难以琢磨，心思细腻，不善于表露，比较含蓄。对此，男人们常感叹："女人的心思真难猜。"女性朋友可以感觉一下自己的心，是否就像五六月的天，说变就变，风云莫测，一会儿楚楚动人，一会儿沉默不语。女人的心就如针一般，藏在茫茫深海，让人琢磨不透。

公司晚会上，英俊潇洒的王先生活跃于人群之中，当他抬头的时候，发现对面站着一个清新可人的女孩。当两人的眼光不期而遇的时候，那女孩害羞得低下了头，但却不时偷瞄一下王先生。王先生一直看着她，女孩一直低着头，不时看看其他地方，装作很不在意。王先生眼神一转，溜向了其他地方，这时，他余光扫到，那女孩偷偷朝这边看。

王先生捕捉到女孩的这一细微动作，感觉女孩对自己有好感。于是，晚会结束后，王先生找了个借口与她聊天，并交换了电话号码，就这样，两人开始从朋友做起，慢慢地，就变成了一对相爱的恋人。

眼睛是心灵的窗口，对于男人来说，了解一个女人，观察她的眼神是很准确的。通常情况下，大部分女人在看到异性的时候，都会不由自主地低下头，这其中就隐藏着一定的奥妙。大部分女人觉得，用眼睛偷偷看你，其实是担心自己表现出对男人的好感，会给人留下轻浮的印象，所以，才会偷偷地瞄上几眼。这差不多就是女人的真实心理，对此，女性朋友需要多注意自己的日常行为，以免表错情，让男人会错意。

下面，心理学家就列举几个细节，以此来揭开女人的真实心理。

1. 送礼

通常情况下，男人会送礼物给女人，这是为了讨好，送得越多，表明其心情越迫切。相反地，如果女人送很多礼物给男人，除了爱之外，还包含别的意思。或者，女人内心比较自卑，她们对彼此之间的感情很担忧，通过送礼来讨好另一半。另外，想通过送礼物来巩固彼此之间的感情。

2. 触摸耳垂

有的女人闲来无事的时候，总喜欢触摸自己的耳垂。这样的女人是难以琢磨的，有可能，她对你正在说的话题感到讨厌，但是又不好意思直接说出来。或者，她觉得没有必要说出来，下意识地触摸自己的耳垂。

3. 触摸鼻子

有的女人喜欢触摸自己的鼻子，这样的女人比较成熟，有十足的女人味，她们身上有一种神秘的气质。不过，与人交谈的时候，如果她不停地触摸自己的鼻子，则表示她根本没有听你说话，或者，她根本不相信你说的话。

心理启示

心理学家认为，女人原本心思细腻，难猜、难懂，如此这般，几乎令所有的男人伤透了脑筋。女人的心思女人自己明白吗？女人需要记住，你的心理是通过细微的表情与动作泄露的。自然而然，在平时的生活中，尤其需要注意自己的表情与动作，不要给男人轻易猜透的机会。

第 16 章

女人要懂谈判中的行为心理密码

女性朋友要清楚，在日常谈判中，仅仅从对方的衣着、语言来分析客户是不够的，还需要对其肢体语言进行观察与研究，一致分析，才能准确地判断谈判对手的真实心理，也才有把握赢得谈判最后的胜利。

从对方言行判断其气质

何谓气质？从心理学来说，气质就是表现在心理活动的强度、速度、灵活性与指向性等方面的一种稳定的心理特征。其主要表现在情绪体验的快慢、强弱、因此，通过气质，我们能够了解一个人的心理活动。当然，气质与我们常说的“脾气”、“性格”、“性情”有相通之处，不过，在日常交际中，气质更多地表现为人格魅力，比如修养、品德、行为举止、待人接物等。不同的人有不同的气质表现，有的人高雅恬静，有的人温文尔雅，有的人豪放大气，有的人不拘小节。

双方的谈判代表进入了会客室，王总吩咐服务员将沏好的茶端上来。不一会儿，服务员将热腾腾的茶端了进来。正要将茶放在桌上的时候，却一不留神，脚下一滑，身子一斜，热茶洒了，有几滴滚烫的茶水溅到了谈判代表张总身上。王总身边的小柯想上前整理，王总却示意他坐着别动，王总想看看那位张总到底有什么反应。

出人意料的是，张总只是用桌上的纸巾擦了擦衣服，对于服务员的连连道歉，他面带笑容，好像什么事情都没发生过，反而关切地问道：“小姐，你没事吧？下次可要小心了！”服务员点点头，这时，王总才站起身来：“张总，没什么事吧？”张总回答说：“只是小事，小事，我们赶紧进入正题吧。”王总对于张总的表现猜测，他应该是情绪丰富的多血质，他一定善于交际，容易适应环境的变化，做事很灵活，不过，内心比较骄傲。有了这样的认识，王总笑了，他知道接下来该如何去应付这位谈判“对手”了。

对服务员无意中的错误，张总始终面带微笑，表现得异常平静，而如此的表现正与情绪丰富的多血质相对应。没想到，谈判过程中发生的一件小事，却成了王总识破对手气质特征的突破口。

一般而言，胆汁质的人情绪比较粗狂，多血质的人情绪丰富，黏液质的人情绪贫乏，抑郁质的人多愁善感。如果这四种气质的人遇到相同的事情，会是什么表现呢？对此，苏联心理学家进行了研究，以“看戏迟到”为特定情境，发现这四种人都有不同的行为表现：“胆汁质的人很生气，与检票员争吵了起来，甚至，想推开检票员，冲过检票口，直接跑到自己的座位上，他们一边吵架一边埋怨戏院的钟走得太快；多血质的人看到检票员不让进去，就悄悄地跑到楼上，自己寻找了一个位置观看戏剧表演；黏液质的人心想，反正第一场不怎么好看，还是先到外面待一会儿，等休息的时候再进去；抑郁质的人对此闷闷不乐，没想到头一次来看戏，就这样倒霉，垂头丧气的他干脆回家了。”

其实，在这四种气质特征的人身上都是有迹可循，有特征供识别的。下面，心理学家就简单地介绍这四种常见的气质特征，希望你能借鉴一二。

1. 多血质

心理学家认为，这类人情感与行为来得比较快，去得也比较快，个性温和，感性大于理性，善于交际，很容易适应新环境。其语言表达很有感染力，姿态多样，面部表情丰富，个性比较外向。聪明机智，思维灵活，不过，对于某些事情，他们不愿意问清楚、弄明白。而且，他们的注意力与兴趣很容易转移，不稳定，做事缺乏毅力。

2. 胆汁质

心理学家认为，这类人有较强的反应能力，且反应很快。他们在情感与行为上若是有强烈的体验，则表现得异常明显。性格开朗、乐观，待人热情，为人直率，但是，脾气比较暴躁，喜争强好胜，容易意气用事，在冲动之下往往作出一些错误的决定。他们有较强的精力，往往以最大的热情与精力投入到工作中，不过，在工作中偶尔会缺乏耐心。思维多灵活，不过，理解问题多是粗粗略过，不够细致。

3. 抑郁质

心理学家认为，这类人情感与行为反应都很缓慢，感性大于理性。

多愁善感，感情喜欢内制而不外露。喜欢想象，机智聪明，有敏锐的观察力，能够察觉到别人未察觉的东西。意志力薄弱，胆小怕事，做事优柔寡断，失败后往往心神难安。对人际交往比较冷漠，个性孤僻。

4. 黏液质

心理学家认为，这类人情感与行为反应都很迟钝，缺乏应有的灵活性。情绪稳定，没有太大的波动，即使心中有情绪，也不轻易外露，即使遇到了难过的事情也不动声色，一个人默默承受。其注意力与兴趣比较稳定，难以转移。喜欢思考，有较强的自制力，能够控制自己。平时沉默寡言，办事谨慎细微，不冲动，不鲁莽。但是，适应能力较差，常常活在自己狭小的空间里。

心理启示

在日常工作中，女性朋友们会接触到形形色色的客户，而那些客户身上却展现出不同的气质特征，如果我们能识别其气质特征，再逐一对应，将对于我们与之建立融洽的谈判关系大有帮助。对此，心理学家结合了大部分人的气质特征，并将其分为四种：多血质、黏液质、胆汁质、抑郁质。在这四种气质特征中，都有其鲜明的特征显现，比如敏感孤僻的抑郁质，情绪粗狂的胆汁质等。在我们与对手接触的过程中，通过观察其言行举止，就可以判定对手属于何种气质特征。

从对方肢体动作解密其真实心理

肢体语言，即身体语言，也就是通过头、眼、颈、手、肘、臂、身、胯、足等人体部位的协调活动来传达人物的思想，形象地借以表情达意的一种沟通方式。广义而言，肢体语言还包括面部表情在内；狭义而言，肢体语言只包括身体与四肢所表达的意义。心理学家提醒女性朋友们，我们评断一个人，根据语言得到的讯息，诸如谈话内容、言词的意义占了百分之七，从听觉得到的讯息，诸如声音的大小、语调等占了百分之三十八，透过视觉得到的讯息，诸如外在、表情、动作、态度等占了百分之五十五。而在一些特殊情况下，肢体语言不仅可以单独使用，还可以表达出自然有声语言难以表达的思想感情，将直接代替自然有声语言。

可以说，语言是理性的行为经过加工之后的信息，而肢体的这些动作是无意识的或下意识的，更直观、快速地暴露谈判对手最真实或更深层次的想法。所以，在谈判中，我们更应该注意观察对方的行为，从肢体语言的角度，分析和判断对方的心理变化。同时，按照这些行为变化，有意识地调整判断的方法，从而使谈判朝有利于自己的方向发展。

那么，对方的一些行为又表示了什么样的心理呢？对此，心理学家将为我们揭秘：

1. 摇头晃脑

在日常谈判中经常会看到对手用摇头或点头以示自己对某件事情的看法，心理学家认为，这样的人十分自信，以至于有点唯我独尊。他们在社交场合擅长表现自己，其对事业一往无前的精神经常受到人们的赞叹。

2. 边说边笑

有的人在谈判过程中边说边笑，对此，心理学家认为与这样的人交谈将会非常愉快，他们大部分性格都非常开朗，对生活要求从不苛刻，懂得“知足常乐”，极富人情味，感情专一，对友情、亲情十分珍惜，有较好的人缘，喜欢平静的生活。

3. 掰手指节

有的人习惯在说话时不断掰手指节，心理学家认为，这样的人习惯把自己的手指掰得很响，一般情况下，他们有较为旺盛的精力，十分健谈，凡事喜欢钻“牛角尖”。对事业、工作环境比较挑剔，假如是他喜欢做的事情，他们会不顾一切地努力去做。

4. 抖动腿脚

有的人习惯在说话时不断地抖动自己的腿脚，心理学家认为，这样的人总喜欢用脚或脚尖使整个腿部抖动，显而易见，这样的人是自私的，很少考虑别人的感受，任何事情都是从自己的利益出发，对别人十分吝啬，对自己却十分知足，不过他们善于思考，能常常提出一些出乎意料的问题。

5. 拍打自己的头部

心理学家认为，拍打自己的头部大多表示懊悔和自我谴责。此类人不太注重感情，而且对人苛刻，不过在事业上有一定的开拓进取精神。他们通常心直口快，为人真诚，富有同情心，愿意帮助他人，不过守不住秘密。

6. 摆弄饰品

心理学家认为，有这种习惯的大部分是女性，而且通常比较内向，感情不轻易外露。他们的另一个特点就是做事认真踏实，只要有座谈会、晚会或舞会，人们都走了，最后收拾打扫的总是他们。

7. 摊开双手，耸耸肩膀

有的人习惯在谈话时耸耸肩膀，摊开双手，表现出一副无所谓的样子。心理学家认为，他们大部分为人热情，而且诚恳，极富想象力，乐于创造生活，同时也乐于享受生活，他们追求的最大幸福是生活在和睦、舒畅的环境之中。

8. 抹嘴巴

有的人习惯在说话时抹嘴巴，心理学家认为，这样的人很喜欢捉弄别人，却又不“敢作敢当”，喜欢哗众取宠。这样的人最终会被人支配，别人让他们做什么，他们就做什么，做任何事情都容易拿不定主意。

心理启示

心理学家提醒女性朋友们，与人谈判的时候，应掌握三种方式：语言、声音或肢体语言。当然，不仅仅要注意自己的肢体语言，同时还要注意对方的肢体语言，以此判断对方的真实心理。

肢体语言在谈判中的原则

众所周知，谈判是双方互相进行有原则、有底线的妥协，并最终实现双赢的过程。所以，在谈判过程中，如何探知对方的原则和底线是谈判成功的关键。不过，谈判的双方都不可能很明显地亮出自己的底线和原则，这主要是由于双方都在想方设法地试探对方的底线，同时极力地掩饰自己的底线。而谈判过程中的语言都是经过理性加工，自然无法辨别真伪。不过，任何语言实际上都伴随着肢体的动作，这些动作大部分是出于身体的本能反应，所以包含了更准确的信息。心理学家提醒女性朋友们，是否准确地通过肢体语言判断对方的思想变化、心理状态，是谈判成功的关键因素。而经过大量研究表明，谈判中的众多决定都是在肢体语言的影响下作出来的。

不过，假如女性朋友参加的是日常谈判，则有效运用肢体语言时需要遵循一定的原则：

1. 文化差异性

如果你参加的是国际谈判，由于文化差异，同样的动作在不同的国家代表不同的含义，比如经常见的“OK”这个姿势，在美国表示“没问题”、“好”；在日本，这个手势表示“钱”；在突尼斯，这个手势则暗示“他是一个卑鄙无耻的人”。所以，如果谈判中有外国朋友，女性朋友在运用肢体语言的时候，一定要注意差异性原则，在谈判之前，需要注意研究对方的肢体语言使用习惯和禁忌。

2. 姿势是否连贯

心理学家告诉女性朋友，任何的肢体语言所代表的含义，只有与周围的环境、前后的语境结合起来才能判断其准确含义。通常情况下，当原本身体前倾的谈判对手忽然将身体靠向椅子的靠背，而且表情十分严肃时，则表示他对所谈的问题持抗拒态度或者不感兴趣。不过这时所作出的判断不一定准确，因为他有可能是靠前太久，想调整一下状态，或者患有腰椎间盘突出。这时我们需要结合前后语境作出连贯性的判断。假如谈判对手调整完姿态，还会有缓解疲劳的其他动作，或者在较短的时间里，又恢复了最初的状况，则表示他对你所说的问题并不抗拒。

3. 语言与肢体是否保持一致

语言与肢体语言是否保持一致，是谈判中的一个重要原则。心理学家认为，当肢体语言尤其是通用性的肢体语言与实际的话语所表达的意思不一致时，无疑将自己的底牌直接亮给了对方。比如，在日常谈判中，当谈判对手说“我也十分希望这样的，这也是我想要的结果”时，伴随的肢体语言却是摇头，对方这个动作将直接暴露了其内心的矛盾。女性朋友需要明白，大多数肢体语言与口头语言发生矛盾或冲突的时候，都在一定程度上反映了谈判对手的矛盾心态，而较为一致的口头语言配合肢体语言，往往具有较大的说服力，也较能掩饰自己的谈判底线。

4. 通用性

随着东西方文化的不断传播，很多肢体语言已经成为全世界通用的肢体语言，比如表示胜利的“V”字形手势；摆手则表示制止或否定；双手外推表示拒绝；双手外摊表示无可奈何；搔头表示困惑；搓手表示紧张；拍头表示自责；耸肩表示无可奈何；双手举过头顶表示暴怒；双手往上伸直，表示激动；双手枕在头下表示舒展；一只手托着下巴表示疑惑，等等，这些肢体语言都是通用的，不管对方是什么国籍，也无论男女，从他们身上呈现出来的肢体语言都是显而易见的。

心理启示

心理学家提醒女性朋友们，在日常谈判中往往有较为普遍的原则。这些原则不仅仅为了要求我们自己，同时也为了窥测对方。在与对方的谈判过程中，观察对方的肢体语言是否有一定的原则性，其中的差异是什么，如此就可判断出对方的真实心理。

肢体语言在谈判中的作用

肢体语言在谈判过程中的作用在于肢体语言的有效观察和准确判断。在谈判过程中，我们需要观察对方的肢体语言，以此判断对方正处于什么情绪以及思维情形。与此同时，我们需要有效运用肢体语言，以赢得谈判的优势。

1. 手势语言

心理学家认为，伴随语言的动作中，手势语言动作使用频率最高，且手势语言往往借助外在的道具、身体的其他部位配合完成这些动作。举个例子，假如谈判对手摘下眼镜并开始擦拭镜片，表明他需要时间来认真思考一个问题，或者说对我们提出的问题暂时还没有合适的对策。通常情况下，此时可以给对方足够的思考时间，可以考虑放慢谈判的节奏。

在谈判过程中，谈判对手通常会将双手放在桌面以上的位置，假如这时对手忽然将手放到了桌面以下，并伴随身体向后靠的动作，心理学家分析这表示他已经被触及了底线，他们在吃惊的同时又极力想掩饰自己内心的变化，因此本能地做出隐藏双手的动作。在谈判过程中，女性朋友若认真观察，就可以发现当对手对某个观点由不认同到慢慢认同时，对方使用手势动作会有一个显著的变化。赞同时，伴随他的语言所使用的手势动作大部分会以手心向下、向外来表达观点，赞同后伴随他的语言所使用的手势动作大部分以手心向上、向内来表达观点。女性朋友在日常谈判中，假如能抓住这个核心的变化，就可以极大提高谈判的效率和成功率。

当然，在谈判中还有许多手势语言，比如弹指、转笔、双手手指交叉并摆动大拇指等，这些动作表示一个人内心不耐烦或感到紧张。女性朋友在谈判过程中，需要注意这些动作并采取一定的措施，比如开个玩笑，或示意后勤人员倒茶等，逐渐缓解对方的情绪，为谈判创造轻松的氛围。

2. 肩部肢体语言

从生理学来讲，肩膀主要起连接作用，可以扩大或缩小身体范围，这就决定了肩部在肢体语言中包含更多的信息量，诸如可以表达权威、担心、强硬、抗拒、无奈、妥协等多重意义。举个例子，在日常谈判中，在某一个问题上，处于劣势的一方肩部总是处于下垂和耷拉的状态时，则表示内心低落的情绪，而占据优势的一方肩部则会得到舒展。

女性朋友应该记住，若是谈判双方向上、向后提肩则表示已经准备好某件事情、做好了某个决定。若是谈判对手感觉巨大压力又没办法找出反驳的理由时，则会不自觉地将双肩向后靠，尽可能让背部和肩部紧靠椅背，暗示在躲避压力，努力寻求安全感。心理学家认为，假如谈判对手做出了前面所说的这些动作，这时乘胜追击，往往能占据优势。

3. 头部肢体语言

从生理学来说，眼睛一定要有头颈部的配合，才可以实现视野的最大化，而一个人对某件事情感兴趣的第一个反应就是用眼睛去看，若没有头颈部的配合，就无法实现。所以，在日常谈判中，头颈部动作往往是对手对所谈问题是否感兴趣的标志性动作。

女性朋友在谈判过程中的演示环节，若想判断对手是否对谈论的问题感兴趣，只需多次变换演示对象和演示者的角度、位置。当演示对象、演示者的位置、角度发生变化时，观察对方是否有头颈部跟随演示的变化而变化的动作出现。假如每次变化都得到了对方的跟随，则表示对方对演示对象很感兴趣，假如对方只有眼睛的视觉跟着变化，而头颈部并没有跟随这个动作，则表示对方内心在怀疑、抗拒。这就需要我们适时调整演示的主要内容、方向或者重点，同时使用夸张式的肢体语言动作，提升对方的兴趣。

心理学家认为，夸张的肢体语言动作，可以有效地吸引关注，在视觉心理学中，动态的东西比静态的东西更能引人关注。所以，女性朋友在谈判过程中的演示环节，尽可能地配合大幅度的肢体语言动作，可以有效地吸引对方的注意力。

4. 与对方的肢体语言相呼应

在谈判中，与对方采用呼应性的肢体语言表达方式，起着十分独特的作用。比如，模仿谈判对手的肢体语言，这就是呼应对方的肢体语言，当对手将手环抱在胸前，我们也要把手环抱在胸前；对方将身体靠向椅背，我们也将身体靠向椅背。心理学家提醒女性朋友们，假如你想赢得对方的赞同，采取模仿对方的肢体语言是一个十分有效的战术。换言之，当对方的肢体语言摆成某种姿势的时候，我们不妨做出相同的姿势，这样可以引发强烈的共鸣。

行为心理学家认为，呼应性的肢体语言在整体上可以反映双方谈判的进程是否顺利，若顺利，谈判双方所表现出来的肢体语言是一致的。比如谈判双方都表现出了相似的肢体语言：双手交叉放在演讲台上。如果你仔细观察研究，就可判断谈判进程是否顺利，而结果也证明判断是正确的。

与谈判对手呼应性的肢体语言还包括互补式的肢体语言，比如当谈判对手向后靠的时候，我们可以向前附身。这个肢体动作的变化，表现出对方的逃避、否定，而我们的附身向前，则表示了强势和肯定；当谈判对手做出否定的摇头时，我们可以做出肯定的点头，对方摇头说明我们还没有足够的证据来说服对方，而我们点头一方面表达肯定，另一方面表达有信心，这些有利于强化我们的观点表达，从而顺利引导对方的观点变化。当我们表达这些肢体语言时，不断补充证明性的材料和语言，效果将显而易见。

5. 综合性的肢体语言

通常情况下，在日常谈判中，基本上所有的肢体语言都不是独立的、单一的，往往都伴随着面部表情、头颈部动作、肩部动作、手势语言。若是没有表情和其他伴随动作的独立的头颈部动作基本不包含有效信息。

因此，综合性肢体语言不但包含了大量的信息，同时也是准备判断肢体语言信息的关键因素。比如，当谈判对手表示明确的拒绝没有任何回旋余地的时候，通常伴随语言上拒绝、手心向外、眼睛睁大、抬头、身体往后仰等一系列动作。一旦谈判对手做出这样连续的动作，则基本断定对方不拒绝接受这个观点。当谈判对手对某个观点持保留意见的时候，通常会做出紧闭嘴唇、皱眉、手部接触嘴或鼻、身体往后靠、身体短时间固定某一个姿态等动作。当对方在这些动作中发生变化的时候，则表示对方已经有了新思路、新考虑、新想法，当上面的肢体动作全部消除了，而且对方身体向前倾、双手重新回到原来的位置时，表明其已经作出了某种决定。

假如对方对我们所说的某个观点极不感兴趣，甚至想离开的时候，他们往往会一只手放在桌面，一只手放在椅子的扶手上，同时身体向后扶着椅子扶手的方向倾斜，不过这有可能是一个假动作，只是为了促成交易，他所传递的信息是“不同意我的条件，我就走”。如何识别这个动作到底是真是假？假如谈判对手摆出这个姿态时重心在扶桌子的那只手上，且扭过头来回看并始终保持这个动作，则表示这是个假动作；假如对方不回头，而且重心向扶着椅子的那只手的方向移动，则表示这是真的，他随时都有可能撤离。

心理启示

心理学家提醒女性朋友们，在日常谈判中，需要时刻关注对方肢体语言的变化，不管对方是在整理衣服、转动钢笔、触摸脸颊，还是侧耳倾听、耸肩摊手，都像短信一样向我们传达着信息，我们必须认真分析每一个细微动作的变化，结合眼神、表情、头颈部动作、肩部动作、手势语言，作出准确的判断，然后根据这些判断作出适当的反应和调整，通过自身的肢体语言策略、技巧、方法的综合运用，达到影响对方决策的目的。

谈判中肢体语言的注意事项

心理学家告诉女性朋友们，在日常谈判中，自身的肢体语言动作需要恰到好处，过分做作、虚假，会让人感觉很别扭，因此需要规范自己的肢体语言。同时，在谈判之前，我们还需要做一些准备工作，这样有助于我们更准确、更有效地运用肢体语言。

1. 肢体语言要和谐

在日常谈判中，我们使用肢体语言时必须适合谈判的需要，必须与有声语言相协调，不能让语言和动作脱节，让人们发现漏洞。比如，假如我们对谈判对手给出的价格不满意，而实际上心里却比较满意，在动作上表现为瞳孔放大、嘴张大、眉毛上扬等，这就是"表里不一"的典型，让对手察觉到我们的不真诚。

谈判工作通常是在人们需求和利益的驱使下开展的，假如在谈判中出现了不和谐的肢体语言动作，会让谈判对手觉得难以相处，产生隔阂，甚至有可能导致谈判陷入僵局。所以，女性朋友们在谈判中要避免出现这样的动作：双手叉于腰间，这是威胁性的姿态；弓腰驼背，眼睛斜视，看起来很猥琐；一边肩高一边肩低，双腿不停地抖动，将手插在衣袋里，这些肢体语言都大大破坏了谈判的和谐气氛。

2. 肢体语言文明大方

肢体语言是一种无声的语言，我们更应该做到文明大方。女性朋友作为谈判人员在任何情况下都要保持冷静和理智，不能大大咧咧、动作夸张，做出攻击侮辱对方的人格之举，面对他人的挑衅性动作，应该坚决、果断地给予反击。

3. 肢体语言要标准

女性朋友需要注意，在谈判中必须保持肢体动作的标准型。在谈判过程中，假如站立谈判需要头正、肩平、身直，从侧面看去要抬头挺胸、收腹、直腿；假如谈判对手处于座位上必须要做到头部端正、上肢直立、手臂自然、下肢双腿姿势规范，不管是采用垂腿开膝式、双腿斜放还是双脚交叉式，或者双脚内收式等，都需要标准。诸如双腿大叉、脚位不当、手位不当、浑身乱动、双腿直伸等姿势都是极不雅观的，需要避免做出这样的动作。

4. 肢体语言的差异

由于政治、文化、经济、历史的差异，在与不同民族、不同国别的人谈判时，不仅仅语言不同，而且肢体语言也会有所差别。所以，女性朋友们在谈判中出国问禁、入乡随俗，不要做出一些自认为合理而又违背当地文化背景的肢体语言。比如在香港，人们见面轻轻握手，而且握手时要点头或鞠躬；在马来西亚，握手只限于男性之间，男女之间很少握手，男人要向女子点头或鞠躬；在瑞典，见面用力握手表示热情和诚意。

5. 尽可能了解、观察谈判对手的肢体语言习惯

在谈判之前，我们需要尽量多收集、观察谈判对手的日常肢体语言习惯，尤其在日常交际场所，他不经意间展现出来的肢体语言动作，正是其内心的最真实反应。作为肢体语言中具有代表性的或者符号性质的动作，基本上不会因场合变化而发生变化，比如在酒吧里娱乐的人，会有许多附加性的、随意的、没有任何含义的肢体语言动作，不过他想离开酒吧时的动作却具有代表性或符号意义，从代表他真正想离开时的肢体语言步骤可以推断，他在谈判时做出离开的动作到底是虚假还是真实。

6. 谈判队伍之间的肢体语言的一致性

在谈判之前，需要尽量形成谈判队伍内部的肢体语言沟通体系，也就是说，只有自己这个谈判队伍才能识别的符号性肢体语言。为了避免这种符号性的肢体语言产生歧义，必须在内部人员之间建立一套肢体语言符号体系，从而形成准确的内部肢体语言沟通体系，避免内部人员对谈判队伍肢体语言的误判。

心理启示

心理学家提醒女性朋友们，在谈判过程中，对方完全可能利用某些动作、姿态来迷惑我们，这就需要我们从其连贯的动作进行观察，或者将前后所做的动作以及同当时讲话内容、语言、语气、语调相联系，从而找出其中的漏洞，识别真伪，最后有针对性调整谈判策略，从而赢得谈判的成功。

解析谈判对手的肢体语言

行为心理学家告诉女性朋友们，在日常谈判中，对手的举止和身体无时无刻不发生着微妙的变化，不同的姿势具有不同的语言。所以，我们要学会深刻地去阅读谈判对手，同时还可以通过对方的动作姿态和表情来分析其心理状态。

1. 面部表情

当谈判人员在彼此交涉、磋商的时候，关注最多的可能是谈判对手的面部表情。比如说眼睛，在谈判过程中，学会观察对手的眼睛是十分必要的，一个资深的谈判人员往往能通过阅读对手的眼睛得到许多意想不到的答案。谈判中，视线接触谈判对手脸部的时间正常情况下应占全部谈话时间的32%～61%，若是超过这个数据，则表示对谈判内容很感兴趣，相反，则表示对方对谈判内容不怎么感兴趣。从眨眼的时间来看，若对方超过一秒钟，则表示厌烦、不感兴趣，或者感觉自己比较有优越感，对谈判对手不屑一顾；当倾听谈判对手讲话时，几乎不看对方并试图掩饰自己的表情，这表示对方在某些方面可能有所掩饰而不敢正视我们。

通常眉毛与眼睛具有互相映衬的作用，代表同一个意思。不过仅仅靠眉毛也可以反映出谈判对手的一些不同情绪。比如对手处于惊喜或惊恐状态时眉毛上扬即所谓的“喜上眉梢”；处于愤怒的对手，眉毛下拉或倒竖，也就是所谓的“剑眉倒竖”；若谈判对手眉毛快速上下移动，则表示对方力图讨好。

心理学家认为，一个人的嘴除了有说话、吃喝、呼吸作用之外，还可以通过许多动作来反映人的心理状态。在谈判中，假如对方紧紧抿嘴，表示坚决的意志；噘起嘴表示不满意或准备攻击对方；遭受失败时通常紧紧咬着嘴唇，这有可能表示内疚；嘴角向后拉或向上拉，表明对手在认真听话；嘴角向下拉，表明不满或固执。

2. 手势语言

心理学家告诉女性朋友们，假如谈判对手拳头紧握，表示挑战对手或自我紧张，在这种情况下，我们需要适时改变谈判策略；双手呈尖塔状，表示充满信心，同时显示对方高傲、独断，希望以此对谈判对手起到威慑的作用；假如对手用手轻敲桌面或在纸上乱涂乱画，这表示对谈判者不感兴趣、不同意、不耐烦；若谈判对手将双手相连置于胸、腹位置，表示其谦虚、矜持，并处于不安的状态；假如对方十指交叉，则表示对手拥有权威、占有优势。

3. 腿脚姿势

在谈判过程中，假如谈判对手抖动腿部，则表示焦虑不安、无可奈何；分腿而坐的谈判对手通常都很自信，且能随时接受对方的挑战；若跷起二郎腿，表明谈判对手心理上拒绝对方并试图保护自己不受侵犯。

若对方晃动脚部、用脚尖拍打地板则表明对方可能出于不耐烦或想摆脱某种不顺的逆境；若是双脚交叉而坐表示对方对某事或某人持有保留意见，产生了警惕、防范、紧张、拒绝的心理。

4. 腹部姿势

行为心理学家认为，腰、腹部是人的中枢部位，它的动作具有丰富的含义。一些谈判人员通常很少对腹部姿态有所观察，从而忽略了不少细节。通常情况下，谈判对手若是凸出腹部表示自信、满足、强烈的优越感；解开上衣露出腹部表明对手放松警惕，有开放之意；抱腹蜷缩表明对手消沉、沮丧；腹部起伏不定表示对手处于极度兴奋或愤怒的状态；轻拍腹部则表明自己有风度。站立谈判的时候，若是对手双手叉腰表示谦逊、有求于人；坐在谈判桌上，双手置于腰间，通常表示谈判对手无可奈何，痛苦、郁闷。

心理启示

心理学家提醒女性朋友们，在谈判中，非语言交流依赖于对行为语言的认知程度。随着人们认知水平的不断提高，行为语言的特点使非语言沟通在谈判中发挥着特殊作用。谈判是人与人心理、生理的完全对抗，为了促使谈判成功，除了注重有声语言以外，注意收集、观察对方的肢体语言也是十分重要的，这有助于赢得谈判的最后成功。

第 17 章

女人要懂演讲时的行为心理密码

演讲就是在公众面前进行的语言传递，并配合必要的肢体动作。相比较呆板、静止的讲话，张弛有度的演讲更具鼓动力和影响力。在现实生活中，或因工作需要，或因交往需要，女性朋友都不可避免地会亲临演讲的场合，而精彩的演讲往往令人回味，从而征服所有听众。

演讲时的最佳站姿

在公开场合演讲，通常说话者需要将有声语言与非有声语言全面地展现出来，因此说话者一般使用的是站姿，而在他前后没有任何依靠性物体，是自然的站姿还是挺拔的站姿呢？这需要两者相结合，形成最佳的站姿。无疑最佳的说话姿势就是站姿，这是因为站着可以全面展示说话者的口语表达、肢体语言以及体态语言。我们可以看看，无论是年轻气盛的奥巴马，还是温文尔雅的布朗，抑或联合国秘书长，甚至奥运会主席，他们在公开场合说话都是站着的。当然，也有少数的公开说话需要坐着，比如政治演讲、法律演讲、集会演讲等。

这是王帅的第一次面试，只见他：穿着很随便的破旧衬衫，由于天气炎热还挽起了裤腿，露出半截小腿。站立时背靠着墙壁，好像几天没吃饭似的，双手交叉放在背后，卷曲着身子，眼睛看着地上，似乎地上有什么宝贝似的。在回答面试官提问的时候，他时而望望天花板，时而看看地面，整个人给人的印象就是没精打采，根本不在状态。

显而易见，王帅的这次面试失败了。

俗话说："站有站相。"案例中王帅的站姿可谓相当糟糕，他面试失败也早在我们预料之中。其实面试也算一种公开说话，与所有公开说话一样，我们应该把握好站立的姿态，以便给听众留下良好印象。

有时对于一些篇幅较长的政治演讲、辩论演讲也会采用坐式。在这里，我们略微提及一些坐式方面的要求：使用坐式要文雅、大方。落座时要轻盈、和缓，切忌急急忙忙，人未站稳就重重地坐在椅子上；落座后要保持上身正直、头平稳，千万不要歪斜肩膀、半躺半坐或两手交叉在胸前等不良姿势；两腿要微曲并拢，两脚并起或稍前后分开，不要跷二郎腿，勾着脚。

高尔基在赞扬列宁的演讲时说："他的演讲和谐、完整、明快、强劲，他站在讲台上的整个形象——简直就是一件古典艺术品，什么都有，然而没有丝毫多余，没有任何装饰。"那什么样的站姿才算是最恰当的姿势呢？一般来说，应该有以下几点：挺胸，收腹，精神焕发，气下沉；两肩放松，重心主要支撑于脚掌脚弓上；颈椎、后背挺直，胸略微向前倾；绷直双腿，稳定重心位置。

当然，不同人的站立姿态也不一样，下面心理学家就列举几种常见的站姿：

1. 自然站姿

两脚自然分开，平行相距与肩同宽，约20厘米为宜。这是比较正规、也是最简单的一种站姿。

2. 稍息站姿

稍息式站姿是一脚自然站立，另一只脚向前迈出半步，两脚跟相距12厘米左右，两脚之间形成75° 夹角。使用这种姿势，显得形象比较单一，重心总是落在后脚上，一般适应长时间站着说话中的短期更换姿势，使身体在短时间内松弛，得到休息。由于这种姿势给人一种不严肃之感，所以一般不长时间单独使用。

3. 前进站姿

这是公开说话用得最多、使用最灵活的一种站姿。它的主要姿势是右脚在前，左脚在后，前脚脚尖指向正前方或稍向外倾斜，两脚延长线的夹角为45° 左右，脚跟距离为15厘米左右。

这种姿势没有固定重心，所以说话者可以随着上身前倾与后移的变化而分别定在前脚跟与后脚上，不会因时间长身体无变化而不美观。前进式站姿能使手势动作灵活多变，由于上身可前可后，可左可右，还可转动，这样能保证手做出不同的姿势，表达出不同的感情。

心理启示

女性朋友们应该把握好自己最佳的站姿，无论对于说话者本身还是台下的听众，都是至关重要的。站立的时候，你的呼吸、气息都处于最自然的准备状态，有利于你最大限度地展现自己的声音素质，而对于听众来说，则可更直观地欣赏你高雅的仪态。另外，站着说话还有很多好处：精神焕发，朝气蓬勃，可以表现出说话者极大的热情，同时这也是对听众的高度负责；有利于体态语言的表达，服饰打扮的体现；能够促使你减少说话的时间，因为时间太长，你站着也不舒服。

正确的手势将为你的演讲增色

早在两千年前古罗马一位政治家、雄辩家曾说过："一切心理活动都伴随着指手画脚等动作。双目传神的面部表情尤其丰富，手势恰如人体的一种语言，这种语言甚至连最野蛮的人都能理解。"当众演讲，我们经常使用的就是手势语言。手势是体态语言的主要形式，使用频率最高，而寓意深刻、优美得体的手势动作，常常能产生极大的魅力，激发听众的热情，加深听众对说话内容的理解，促成说话的成功。

在这里，我们列举颇具林肯式的抒情手势。

赫恩登曾作为林肯的老朋友，他曾说："林肯对于听众恳切地说话时，那瘦长的右手自然地充满着强大的力量，一切思想情绪完全融入其中。为了表现欢乐的情绪，他会把两手臂举成五十度的角，手掌向上，好像已经抓住了那渴望已久的喜悦；而说到痛心的时候，比如在痛斥奴隶制的时候，他便会紧握双拳，在空中用力地挥动。"

林肯所使用的抒情式的手势抽象感情很强，在说话中使用的频率很高。依据手的不同形状以及活动部位，手势动作还可分为手指动作、手掌动作以及握拳的动作。对于这些手势我们需要细心辨认和掌握，因为它们具有多种复杂的意义。随着部位、幅度、方向、缓急、形状、角度等的不同，手势所表达的思想含义以及感情色彩也会有所不同。在实际说话中，我们不应该拘泥于某种固定的模式，而是依据说话内容的需要，从而灵活地运用不同的手势。

说话的手势千变万化，没有一个固定的模式。作为一个出色的说话者，平时要认真观察生活，刻苦训练，并且付诸实践。在这里，我们可以列举一些常见的手势：拇指式，竖起大拇指，其余四指自然弯曲，表示强大、肯定、赞美、第一等意思；手切式，五指并拢，手掌挺直，表示果断、坚决、排除之意；手包式，五指相夹相触，指尖向上，用于强调主题和重点，也表示探讨之意；食指式，食指伸出，其余四指弯曲并拢；食指、中指并用式，食指、中指伸直分开，其余三指弯曲，前英国首相丘吉尔就经常使用这样的手势。当然，诸如此类的手势举不胜举，在此不再赘述。

当众演讲，自然而安稳的手势，可以帮助说话者平静地说明问题；急剧而有力的手势，可以帮助说话者升华感情；含蓄的手势，可以帮助说话者表达内心的想法。以下就是运用手势的几个原则：

1. 表达感情的手势

随着感情的变化，手势也会发生明显的变化，也就是上文中所说的林肯式的手势。这是一种抽象感情很强的手势，在演讲中运用频率最高。比如，兴奋时拍手称快，恼怒时挥舞拳头，急躁时双手相搓，果断时猛力砍下。

2. 惯用手势

任何一个人在说话的时候，都有一些他独有的惯用手势，手势的含义不明确、不固定，随着说话内容的不同而体现不同的含义。比如列宁说话时喜欢挥动右手用力一斩，而孙中山先生说话时常常拄着手杖，形成了他独特的风格。当然，说话手势应该自然、协调、精简、富于变化、前后统一。

3. 模拟手势

模拟手势的特点是“求神似，不求形似”，因此有一定的夸张色彩。在说话过程中，对于提到某件事情中的某件物品可用手势把此物模拟出来，这样的手势信息含量很大，从而升华了感情。

4. 指示性手势

指示性手势是用来指示具体真实形象的，分为实指和虚指两大类。实指是说话者的手势确指，它所指的人或事或方向均是在场的人视线所及的；虚指是指说话者和听众不能看到的。指示手势比较简单，不带任何感情色彩，比较容易做。

心理启示

心理学家提醒女性朋友们，手势动作只有在与口语表达密切配合时，其所表达出来的意义才是最生动形象的。随着说话的内容、自身的情感以及现状态，说话者的手势会自然而然地表现出来。不仅如此，手势还应该与有声语言、面部表情、身体姿态紧密配合，保持一致，千万不能硬生生地摆弄手势。假如说话时手势泛滥会让听众眼花缭乱，颇有哗众取宠之嫌。当然，如果你说话时完全不使用手势，只是把双手摆在固定的位置，那无疑显得呆板、缺乏活力。

小动作影响演讲效果

在公开场合演讲，由于自身或者内心胆怯等因素，不可避免地会做出一些小动作，诸如抖腿、频繁地眨眼、舔嘴唇、身体重心前移、多次扭动双脚、用手遮住嘴巴、用手摸鼻子、抓头发或摸耳朵、将手指放在两唇之间，等等，这些小动作有些是对我们有利的，有些却是对我们不利的。所谓“群众的眼睛是雪亮的”，即使一个很小的动作，但如果百双甚至上千双眼睛盯着你，小动作就会被无限地放大，他们都在猜测你的小动作所透露出的意义：紧张或者说谎或者个人习惯等。因此，我们可以毫不夸张地说，那些看似不经意的小动作会大大地影响当众演讲的效果。

在说话过程中，不同的小动作代表不同的意义：比如一个人紧张时，通常会出现抖腿、频繁地眨眼、身体重心转移、多次扭动双脚等特点；若是用手遮住自己的嘴巴，则表示其比较内向，有可能他无法向人说出内心的秘密；若说话时不断地触碰自己的鼻子，则表示他极有可能在撒谎；若说话时用手触摸自己的眼睛，则表示他可能有点疲惫，或者想发表自己的意见。

除了以上所说外，女性朋友还需要注意以下几个问题：

1. 不要随意地使用没有逻辑基础的动作

有的女人说一句话就做一个小动作，而且摆弄不停，十分夸张。在说话者看来，自己如此指指点点、比画比画就能够吸引听众的注意力。然而，与此相反，这只会让听众欣赏你那些不良的习惯，而且让他们感觉眼花缭乱，从而对你说话产生一种厌烦的情绪。

有的女人在说话时手舞足蹈，动作滑稽可笑，起初可能会逗得听众哈哈大笑，气氛十分活跃，但过不了多久就会失去效果。听众非但不会笑，反而露出一种不屑一顾的神情，甚至会模仿你的小动作。

2. 多一些微笑

微笑虽说是一种小动作，但却会大大地增强你的说话效果。微笑是一种良性的脸部表情，可以反映出一个人的内心世界。在说话时，如果你能保持面带微笑，这次当众演讲你无疑成功了一半。

3. 机械地重复小动作

有些女人一开始说话，一只手就不断地搓脸，以至于听众还以为她牙疼呢，其实这就是无意识表现出来的小动作，而且是机械性的重复。还有的人说话总是向左走三步，回到原来的位置，又向右走三步，如此反复，直至结束。这些不断重复而又毫无意义的小动作，会让听众感觉说话者很做作，从而降低对其说话水平的评价。

心理启示

当然，当众说话也有一些禁忌的小动作，而且这些小动作有可能导致你说话的失败，女性朋友需要记住。诸如拍桌子、拍胸脯、拿桌子上的东西、反复用手摸自己的头发、拳头对准听众、双手插入口袋、双手交叉在胸前、对听众指指点点、背手、双手乱动或摇晃、挠痒痒、抠鼻子、揉眼睛、抓耳挠腮、双手叉腰、摆弄衣角纽扣、乱动话筒，等等。

演讲时保持自然真切的面部表情

《左传》曰：“人心之不同，如其面焉。”表情神色也就是我们常说的面部表情，一个人的内心活动，是可以通过脸色来表达的。听众若是想知道你心里所想，也是可以通过你的表情神色察出端倪的。当众演讲时，对说话者面部表情的要求则是自然真切，不要表露太夸张的表情神色，否则就被认为在表演，让听众生厌。一个人的面部表情十分丰富，许多细微复杂的情感都可以通过面部表情来表达，而且还能辅助口语增强表达效果。说话者要善于观察面部表情的各种细微差别，而且要善于灵活地驾驭自己的面部表情，使面部表情更有效地辅助以及强化口语表达。当然，我们运用面部表情时需要真实自然，我们的喜怒哀乐都需要随着说话内容以及思想感情的发展而自然流露。千万不能“逢场作戏”，过分夸张，甚至矫揉造作，否则会让听众感觉你虚伪滑稽。当然，表情神色不能太夸张，并不意味着你不能使用表情，毫无表情地走上讲台，如此冷若冰霜，只会令人枯燥压抑。

普通话课上，老师为了让同学们学习“演讲时的自然的神态”，特意找了两个同学进行即兴演讲。

第一个同学是小李，他平时擅长搞笑，总时不时地给同学们讲一些故事或者笑话。现在被老师点名了，小李认为展现自己才艺的时候又到了，他绘声绘色地讲了一个笑话，但或许是笑话本身太好笑，又或许是小李在作秀，他讲笑话的同时自己也忍不住笑了起来，实在忍不住了，他竟然毫无顾忌地趴在桌子上大笑，而其他同学因为没听清楚小李到底讲的是什么，面面相觑。

第二个上台演讲的是小张，他是一个相当木讷的男生，平时就不苟言笑，曾经有人讲了一个很有趣的笑话给他听，他只略微牵动了一下嘴角。对于老师的点名，小张有些紧张，他结结巴巴地讲了自己的理想，但整个过程没有笑容，没有手势，就好像他在讲述别人的故事一般。

案例中的两个同学无疑是两个极端的例子，一个表情太夸张，一个表情太木讷，而这两种现象都是我们需要避免的。说话者在说话时的面部表情与口语表达要协调一致，如此才能准确地反映自己内心的思想感情，换句话说，面部表情和有声语言的表情达意应该同步进行。当然，为了有效传递信息，交流感情，要尽量避免使用消极的表情，它们会在听众中产生不良影响，形成离心效应。

在使用面部表情时，女性朋友们需要注意以下几个问题。

1. 面带微笑

曾在哈佛大学担任校长三十年之久的叶洛特博士说："微笑是人际交往成功的催化剂。"微笑是自信的标志、礼貌的象征、涵养的外化、情感的体现。在演讲中可以象征性格开朗与温和，可以建立融洽气氛，消除听众抵触情绪，可激发感情，缓解矛盾。

2. 切忌使用消极的面部表情

说话时，说话者的面部表情以及神态对听众的情绪往往有着很大影响，不要使用一些消极的面部表情，如傲慢的表情，这会伤害听众的自尊心；慌忙的表情，这会让听众无法信任于你；无所谓的表情，这会给听众一种消极的感觉；冷漠的表情，这会让听众感觉不亲切；卑屈的表情，这会让听众低估你的能力。

3. 用你的表情及神色调节气氛

真切自然的面部表情可以为有效沟通提供一种渠道，所以，千万不要让当众说话带来的紧张压力把你的脸变得毫无表情。通常面部表情的变化先于和预报了气氛或心情的转换。当你说到“但更为严重的是……”，你可以采用一种更为高明的过渡，那就是：用一副忧心忡忡的皱眉蹙额的表情取代原本欢欣愉快的面容。

心理启示

美国著名教育家卡耐基在谈到罗斯福演讲时这样说道：“他全身好像一架表现感情的机器，他满脸都是动人的感情，这样使他的演讲更有力、更勇敢、更活跃。”说话时微笑与平和是脸部表情的核心，脸部表情运用时要适时、适事、适情、适度，切忌呆滞麻木、情不由衷、晦涩不明与矫揉造作。

演讲时眼神不要游离不定

我们常说：“眼睛是心灵的窗户。”一个人的内心世界到底是什么样子，是可以通过眼睛这扇窗户透露出来的。说话者站在讲台上，用不着开口说话，就能够凭着眼睛的神态传递出喜怒哀乐。而听众不需要一定要听说话者说些什么才能获取其中的信息，只需要关注说话者的眼神，就可以了解其内心想法，知道他想要表达什么想法。可以毫不夸张地说，眼神所能传达出来的感情，往往超过有声语言所表达的含义。正因为如此，我们才有“会说话的眼睛”的说法。既然眼神有如此大的作用，那在公开说话时更需要充分发挥出眼神的作用。

说话时，不同的眼神，给人以不同的印象。眼神清澈坚定，让人感到率直、善良、天真；眼神狡黠奸诈，给人以虚伪、刁奸之感；左顾右盼，显得心慌意乱；翘首仰视，显得凝思高傲；低头俯视，露出胆怯、害羞。眼神会透露人的内心真意和隐秘，眼睛能自如地传递心灵的信息，反映人的喜怒哀乐之情。人们的思想感情常常通过眼神自然流露出来，而眼神配合口语，就能表达出丰富多彩的思想感情。因为人的眼睛有上百条神经连接大脑，它们是大脑获得信息的重要渠道，同时又受大脑中枢神经的控制。

事实上，无论使用哪种眼神，都是为了表达一定的思想内容和感情，绝不可漫无目的地故弄玄虚。运用眼神的同时，应当表现出信心和活力，显出风度。说话者在公开场合说话时需要保持视线的目标在正前方，炯炯有神地面对听众，并且不断地兼顾全场，了解听众的反应。也就是要把目光注视前方与多方位观察巧妙地结合起来，全方位地观察听众。而要做到这一点，就需要学会运用眼神的三种技法。

1. 注视一部分听众

此方法就是有目的、有针对性地重点注视某一局部听众。运用这种方法可赞扬和感谢那些专心致志的热心听众；引导和启发那些有疑问和感到困惑的听众；支持和鼓励那些想询问的听众；制止那些影响现场秩序的听众，使其收敛，达到控制现场的目的。

这种方法针对性较强，目光含义要明确，但是要适可而止，避免与听众目光长时间直接接触，以免被注视的听众局促不安，或者其他听众受冷落。

2. 全方位地注视听众

此方法是目光有节奏或周期性地环视全场，其目的主要在于掌握整个说话现场动态，照顾全场，统帅全局。运用这种方法，可使全场听众产生亲近感。但必须注意，一定要照顾全局，不可忽视任何角落的听众。同时，头部摆动幅度不宜过大，眼珠不可肆意乱转。

3. 远远地注视听众

此方法就是目光似盯未盯地望着听众。运用这种方法可显示出说话者端庄大方的神态，可引导听众进入描述的意境之中，还可烘托气氛。但应注意使用不可频繁，以免给人一种傲慢的感觉。

心理启示

心理学家认为，女人在运用口语传递信息的同时，也要通过自己的眼神把内心的激情、学识、品德、情操、审美情趣等传递给听众。你的眼神变化要与说话内容的发展和情绪的变化相协调，要注意眼神运用的多样性，准确地表情达意，给人以胸怀坦荡的感觉。

注意听众神色，注意互动

在演讲活动中，虽然女人作为演讲者居于主导地位，但并不意味着演讲者可以自己讲自己的，完全不用搭理听众。我们都知道，演讲是否有效，取决于听众的反应，尽管演讲者是表面上的主角，实际上听众才是真正意义上的主角，因为有了他们，演讲才会表现出应有的意义。因此，在演讲过程中，演讲者需要观察听众的神色，是茫然，抑或神情专注。若发现听众对自己的演讲内容不感兴趣或纯粹不听，就应该及时地采取一些互动措施，想办法吸引听众的注意力，唤起听众的兴趣。在某些时候，我们发现听众对演讲毫无兴趣，注意力分散，或者仅以“嗯”、“哦”之类的简单语言来应付。究其原因主要在于演讲者的话没有吸引力，听众只是出于纪律的约束或礼貌而扮演一个“接受”的角色。

一位学者到部队上演讲，他讲道：

“三十年前，我和你们一样，也是一个兵！肩宽体阔，走路生风，迈步作响。当过班长、排长、连长。后来阴差阳错，改行成了摇笔杆子的爬格虫，经常熬通宵，弄成这般连我都不喜欢的样子。所以，一有机会就想寻根，今天总算又回来了，请你们接受我这个没有军装的老兵的致意……”

在案例中，学者利用自己和战士所具有的共同点，设计了这样一段话，试想，现场的每一个士兵又怎能不被感动呢？他们感受到了一种重视、尊重，自然而然，他们与演讲者之间的距离也就拉近了。

有一次，冯玉祥将军率军来到抗日前线地区的河南鲁山县，受到当地民众的热烈欢迎并开了一个“军民联欢大会”，会上他发表了抗日鼓动演讲。一直以来，冯玉祥将军在百姓心中的威望是极高的，但正因为如此，令在座的听众都产生一种敬畏感。又由于冯玉祥将军在入场时脸色很严肃，他们心中就更添了几分畏意。但是，当冯玉祥将军正式演讲时，听众的畏惧感顿时消失殆尽，只有亲切。

当时，冯玉祥将军是这样讲的：

各位老先生、老太太，兄弟姐妹们！各位青年学生们！全体官兵兄弟们！你们不是常听说“老冯老冯”的吗？我就是冯玉祥。咱们耳朵里是熟人，眼睛里是生人，从今以后咱们眼睛里也是熟人啦！我代表国民政府，代表蒋委员长，向抗战前线的河南军民致以亲切的慰问和崇高的敬礼！

亲切而朴实的语言，一句“从今以后咱们眼睛里也是熟人啦”，将自己与百姓的心拉得更近。

在实际演讲中，女人若是发现听众神色茫然，应该如何与现场的听众进行互动？

1. 利用语言抓住听众的注意力

在演讲时，演讲者可以随手采用眼前的东西，比如大厅里的听众、当前的事物、当地的参照物，或是采用大家熟悉的例子，人人使用的语言以及司空见惯的事件。如果能将此类事情纳入自己的演讲内容，定会让听众产生亲切感。

2. 让听众参与到演讲中

如果你对台下的听众事前有所研究，则可以按照这个结果选取一些听众感觉亲切或熟悉的内容融入演讲中，以便吸引他们。比如提及现场的细节或共同体验过的某件事，“在座的各位有多少人今天吃了早饭？啊，我看见你们大约有一半的人举起了手。这位朋友，你吃了什么？豆浆加油条，那边那位，你吃了什么？”通过这些内容巧妙地引出你所演讲的话题。

心理启示

心理学家认为，女人在演讲过程中，如果表达想法时富有感性，并将自己的热忱传达给听众，与听众形成互动，通常是不会冷场的。

面部表情随演讲内容而不时改变

一般而言，女人演讲时还需要注意一点，那就是你的神态要随着说话内容的改变而及时调整，不可能在整个说话过程中你始终保持一种神态，也不可能在整个演讲过程中你的神态一直在变化。俗话说：“相由心生。”你所说的应该是发自内心的，而内心的一切活动将逐一清晰地反映在你的神态中，高兴抑或悲伤，愉快抑或痛苦，这都通过神态真实地展现出来。我们说话的时候，神态则主要依据说话内容而发生相应的变化，当说到严肃的内容时会神态沉重，而说到高兴的事情时会眉开眼笑。对于大多数人来说，他们喜欢把忧虑感、紧迫感、厌恶等统统写在脸上，而当说到诸如类似的事情时，他们的神态也会有相同的变化。

林敏是学校里出了名的演讲高手，而她最擅长的就是将自己融入演讲过程中。同学们总是记得她曾在一次演讲比赛中，声情并茂地展现了自己的演讲魅力。

当朗诵到一些描述灾难的内容时，林敏的脸上一片肃穆，没有半点笑容；当朗诵到革命战士流血牺牲时，她的声调一下子提得老高，而且满脸的义愤填膺；当朗诵到感动人的事迹时，她的脸上满是泪水；当朗诵到革命终于取得胜利时，她开心地笑了，连那话语里都蕴藏着笑意。

所谓的神态随着说话内容情节而调整，其实就是将自己融入说话内容中。如果你讲述的是一个感人至深的故事，你需要化身为故事里的主人公，你的神态时而悲伤，时而愤怒，时而开心，时而快乐，你所有的情绪都将随着主人公的命运而产生相应的变化。

在实际演讲中，女性朋友们该如何调整自己的神态呢？

1. 适宜地微笑

在神态表现中，我们尤其需要说到微笑这个状态。大多数说话者没有充分利用或用错了微笑这一强大的工具，或是龇牙咧嘴笑得下巴发痛的傻笑，或是在悲伤或严肃的场合露出微笑，这些都是不合时宜的。

对于说话者来说，当表达赞美、歌颂等感情色彩时应微笑，此时要想博得别人笑，自己首先要笑；上台与下台时应微笑，这样可拉近与听众的距离，把良好的形象留给听众；面对听众提问时，送上一缕微笑是无声的赞美与鼓励；肯定或否定听众的一些言行时，可以配合着点头或摇头，面带微笑；面对喧闹的听众，演讲者可略停顿，同时面带微笑是一种含蓄的批评与指责；表达一些与微笑不相悖的情感时可微笑。

2. 各种神态展现

当你演讲道："不是有人在坐车不畅时埋怨他们'乱哄哄，路不通，车不动'吗？不是有些漂亮的姑娘品评他们是'多一个脑袋的电线杆'吗？不是有人谩骂他们秉公处罚是自己给自己发奖金吗？更不是有人丧尽天良将车轮辗向我们这些可敬可爱的马路卫士吗？"你应该保持义愤填膺的神态，以增强反问句的表达效果。

当你说到对未来展望时，你应该保持神采奕奕的状态，这表明你很有信心；当你痛斥某种罪恶行为时，你应该保持怒目圆睁的神态，以表达自己内心强烈的情绪。

当然，还有许多不同的神态表现，在这里就不一一列举了，女性朋友只要记住一点：你的神态是随着说话的内容而逐渐调整的。

心理启示

女人在公众场合进行演讲，神态语言是其传情达意的一种重要沟通方式，也指通过眼神、动作、面部表情等来表达内心思想的一种非语言形式。神态语言不仅仅彰显自己的喜恶，更为重要的是，通过自己一颦一蹙的变化展现丰富的内心世界。在现实生活中，不同性格、身份、经历的人，拥有不同的神态。即使在同一事件中，相同的情况下，他们的神态也各不相同。而且，仅靠单纯的神态语言并不能有效完成沟通，它必须根据事件、环境、心境才能恰如其分地表现出来。

参考文献

[1] 邢一麟. 行为心理学 [M]. 北京：中国华侨出版社，2013.

[2] 龙春华. 行为心理学 [M]. 北京：中国华侨出版社，2012.

[3] 王邈. 行为心理学 [M]. 北京：化学工业出版社，2013.

[4] 孙科炎. 行为心理学 [M]. 北京：中国电力出版社，2012.

[5] 黎昕. 生活中的行为心理学 [M]. 北京：中国商业出版社，2014.

[6] 文成蹊. 知人知面知心的行为心理学 [M]. 北京：中国纺织出版社，2011.